森は怪しいワンダーランド

田中淳夫

新泉社

はじめに　初めての熱帯雨林が私を導いた

生まれて初めて訪れた海外は、ボルネオ（マレーシア連邦サバ州）だった。熱帯雨林に分け入って、野生のオランウータンを探す、という目的を掲げて出発したのである。

大学の探検部の活動として企画されて、メンバーは三人。ただ、企画・渉外などは事実上、私一人で受け持った。当時は、団体旅行ならともかく個人の海外旅行はまだまだ少なかった。とくに観光地でもないところは現地事情を記した文献が極端に少ない。もちろんインターネットもなく、情報収集だけでも難航した。

英語もろくに話せず書けない私が、現地（サバ州政府）に野生のオランウータンの調査依頼の手紙を乱発し、悪戦苦闘の渉外と初体験の海外旅行の準備に明け暮れた。日本を発つことができたのは、何かと助けてくださった周囲の人々のおかげと、当たって砕けろ精神で関係諸機関に当たって、本当に砕け続けた末になんとか了解を取りつけることができたからである。なんとサバ州森林局は、二人のゲームレンジャー（狩猟官）を我々につけてくださったのだ。

当時は、野生のオランウータンの観察記録がほとんどなかった。「森の人」と呼ばれるものの、森の中で見つけるのは難しい。だから野生のオランウータンの行動を記録するだけで学術的に価値があった。もっとも野生のオランウータン調査はどちらかと言うと後づけで、とにかく熱帯雨林を歩きたかった、というのが本音である。

ところが現地に行くまでにもトラブル続出。乗り換えるはずのマニラで次の便に乗れないわ、気がついたら金は盗まれているわ、到着しても意思疎通に難行するわ……それでも目的地となったデン半島のシバハット川流域に到着した。幸い、木材伐採キャンプに居候させてもらうことになり、そこを拠点に毎日ジャングルを歩き回った。

残念ながら野生のオランウータンとの遭遇はなかったが、木の上の寝床を発見したり、糞を見つけた。驚く経験も幾度となくした。たとえば喉が乾いたら、レンジャーがある蔓植物を伐る。そして逆さに向けると、水がジョロジョロと流れ出るのである。これが〝森の水筒〟だ。

一方で、こんな奥地でも進む伐採事情に触れることになった。調査終了後は、予期せぬオーバーステイになってしまい、役所で頭を下げ続けた。

しかし「最悪の旅こそ、最良の旅」（森本哲郎）でもあった。当時を振り返ると、ボルネオに明け暮れた日々こそ「黄金の日々」である。

これで海外の僻地を旅する面白さに目覚めただけでなく、オランウータンから野生動物全般、そして森林生態系に興味を持つようになった。

熱帯雨林への憧れは、ニューギニアなどボルネオ以外の地域にも足を運ばせた。やがて足元の日本の森林にも眼が向き、林業を深く意識し始める。原生林さえも、人の影響を無視して語れないと知り、森と人の関係を強く考えるようになった。

だから、最初のボルネオ体験がなければ、私は森林ジャーナリストを名乗るようにはならなかっただろう。あの強烈すぎる森の体験が私の原点である。

その後も私は各地の森を訪ね歩き、いろいろな体験を重ねたが、それらを積み重ねることで私なりの森の捉え方が身についたと思っている。今回はそれを披露してみたくなった。本書は、私が経験した森を巡る不思議と恐怖？　感動？　納得？　を記したが、多少とも読者の方々に「もう一つの森の姿」を知ってもらえたら幸いだ。

第一部は不思議な体験や仰天した出来事、第二部は遭難などのトラブルにみまわれて難渋した体験、第三部は森に関する怪しい常識や似非《えせ》科学……と区分けはしたが、あまり明確なものではない。必ずしも森の中の話ばかりでもない。単なる失敗談や与太話も含まれるが、全部ひっくるめて「森では、こんな体験ができる（してしまう）んだ」と思っていただければ私の目的は達成できたことになる。

そして一歩踏み出して、森は面白い、自分も森に出かけてみようかな、森についてもう少し深く知りたい、と思っていただけることに期待している。

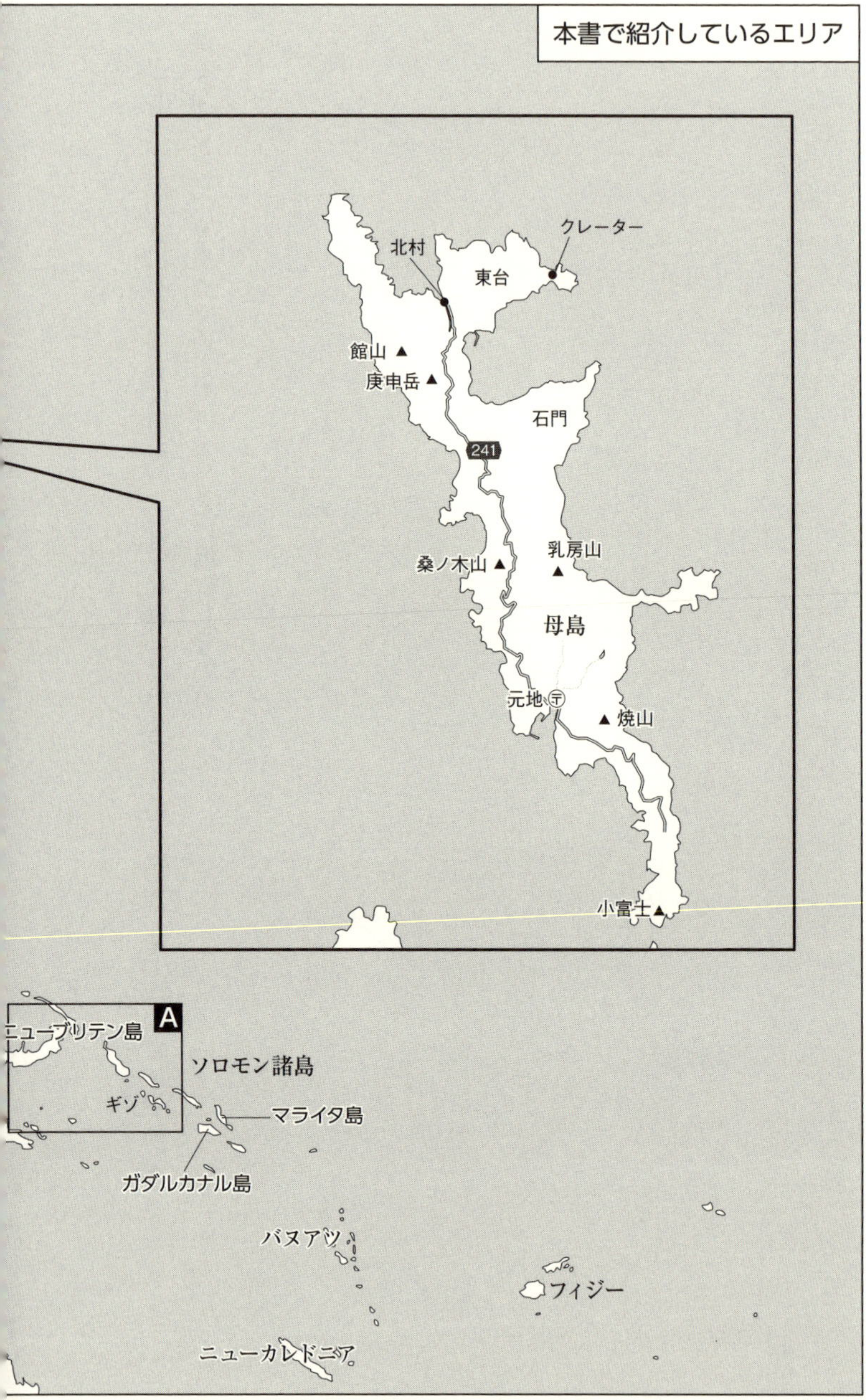
本書で紹介しているエリア
クレーター
北村
東台
館山
庚申岳
石門
241
乳房山
桑ノ木山
母島
元地
焼山
小富士
A
ニューブリテン島
ソロモン諸島
ギゾ
マライタ島
ガダルカナル島
バヌアツ
フィジー
ニューカレドニア

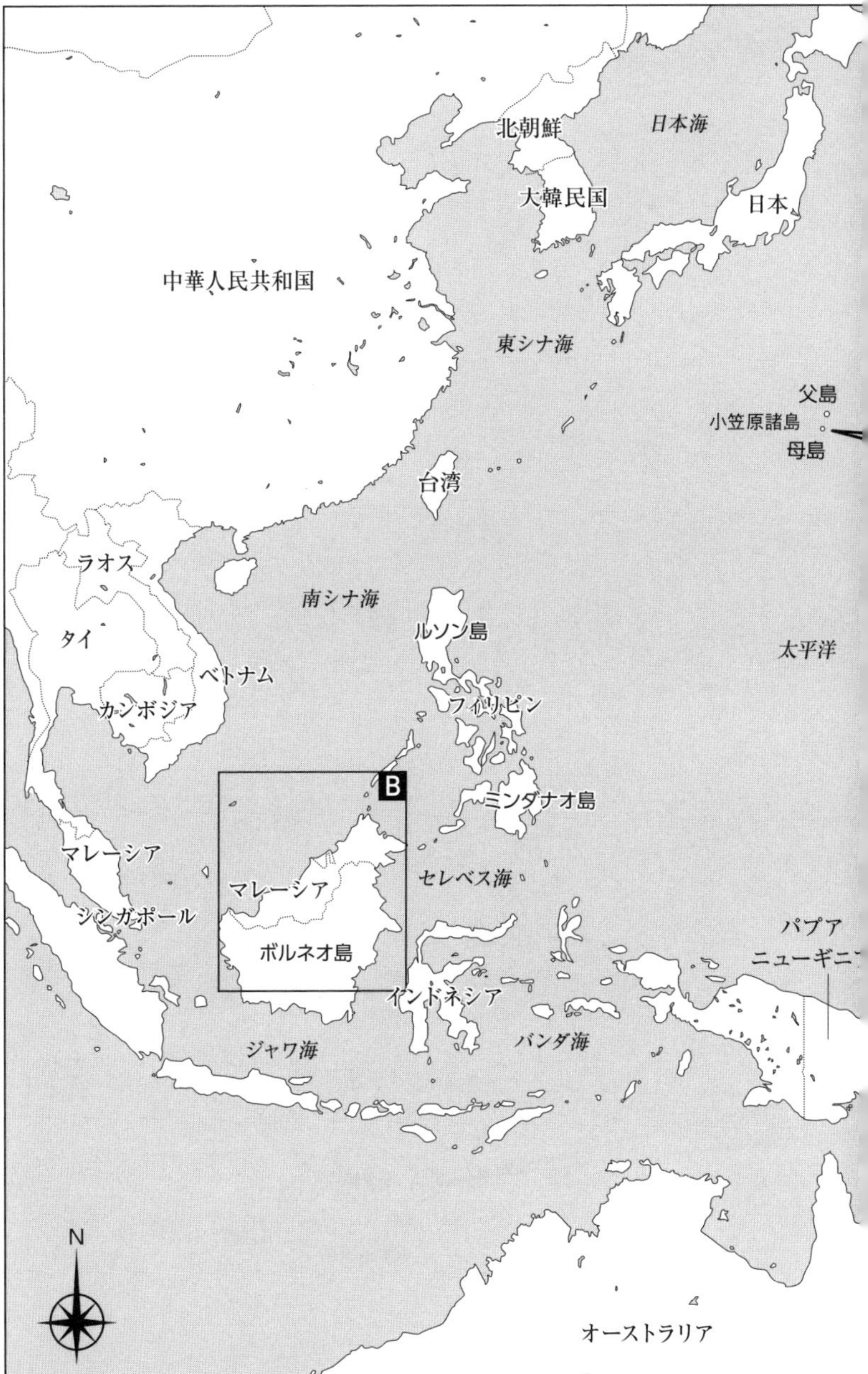
北朝鮮
日本海
大韓民国
日本
中華人民共和国
東シナ海
父島
小笠原諸島
母島
台湾
ラオス
南シナ海
ルソン島
太平洋
タイ
ベトナム
カンボジア
フィリピン
B
ミンダナオ島
マレーシア
セレベス海
マレーシア
シンガポール
パプア
ニューギニア
ボルネオ島
インドネシア
バンダ海
ジャワ海
N
オーストラリア

パプアニューギニアとソロモン諸島
A
ブーゲンビル島
チョイスル島
ソロモン諸島
ショートランド諸島
ランブランブ村
コロンバンガラ島
ベラ・ラベラ島
ムンダ
ニュージョージア島
ギゾ島
シンボ島
レンドバ島
ボナボナ島

ラバウル
パプアニューギニア
ダカタウア湖
ブルムリ村
ウィルメッツ半島
タラセア
ニューアイルランド島
ニューブリテン島
タプライ村
ソロモン海
レンガナ村
パツキオ山
オベ湖
シンボ島
N

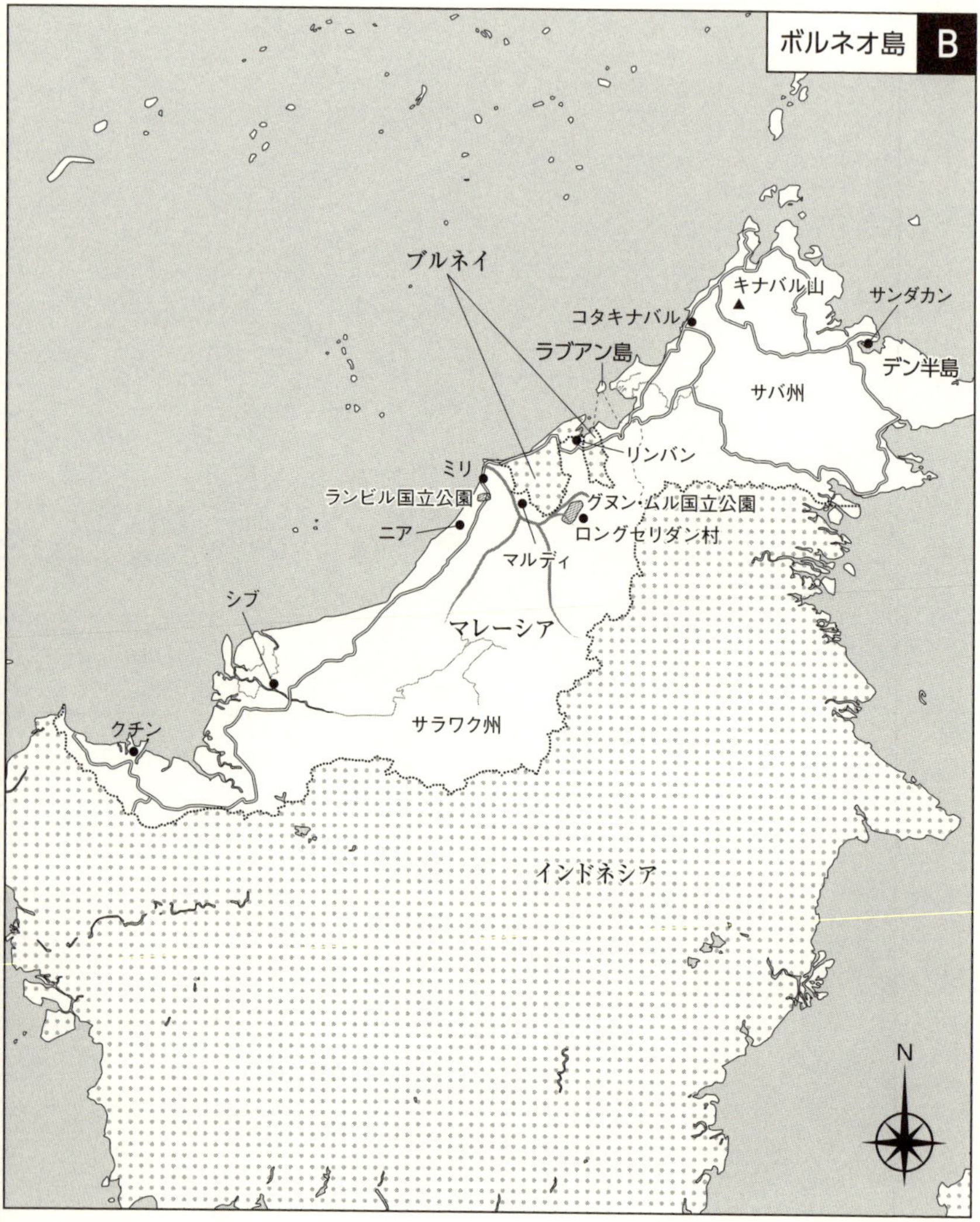

ボルネオ島 B
ブルネイ
キナバル山
サンダカン
コタキナバル
ラブアン島
デン半島
サバ州
リンバン
ミリ
ランビル国立公園
グヌン・ムル国立公園
ニア
ロングセリダン村
マルディ
シブ
マレーシア
クチン
サラワク州
インドネシア
N

もくじ

第二部
遭難から見えてくる森の正体

第三部

森を巡る科学とトンデモ話の間

装丁・本文デザイン／モリサキデザイン
ＭＡＰ作成／あおく企画
カバーイラスト／磯野宏夫

第一部

森は不思議がいっぱい

1 ソロモンの孤島で精霊に出会う

私には、どうやら霊感はないようだ。身内が亡くなる際も、事前に感じることは一切なかったし、亡くなってから夢に出ることもない。ましてや幽霊に出会って怖い思いをしたことも、一度としてない。

それが残念なのである。私は、子供の頃から無類のオカルト好きだったから。幽霊やら超能力、宇宙人に超古代文明、恐竜の生き残りのような未知生物……、いずれも心をときめかしたのである。その手の本を読み漁り、その手の小説に心奪われ、その手の舞台となった土地に足を運んだ。にもかかわらず、自らが体験することが何もないとは。

そんな中で、これだけは不思議だった、という体験がある。もしかしてあれはホンモノの精霊が出たのかも、と今振り返って思う。

それは、南太平洋のソロモン諸島で体験したことである。

ソロモン諸島は、オーストラリア大陸の北東海上に東西に横たわる南太平洋の島々である。

ガダルカナル島などの名前を出せば、太平洋戦争の激戦地として少し記憶する人もいるだろう。現在はソロモン諸島国として独立している。

私は二度訪れている。一度目は一九八三年に一人で太平洋を放浪する旅だった。二度目は一九九一年に大学の探検部員を引き連れて「探検隊」として足を運んだ。

後者の訪問は、西部の孤島シンボ島を目的地としていた。この島は中央部がくびれた瓢箪形をした南北七キロ、東西二・五キロの火山島だ。今も蒸気を噴く地帯もあるが、島全体は熱帯雨林に覆われている。中央部にはパツキオ山という火山があり、頂上の火口から地下に洞窟が伸びている。その探検調査が主な目的だった。

伝説によると、ソロモン人が亡くなると、魂はこのパツキオ山に飛んで行くという。その地の底から海底に出られるとか、遠く数百キロ離れたショートランド諸島に抜けられると聞いた。あるいは死者の国があるとも。

火口から地底にもぐっていくのはジュール・ヴェルヌの小説『地球中心への旅（邦題・地底旅行）』みたいではないか、地下に海や大森林地帯があり、恐竜が生き残っている……という設定は、考えるだけでもわくわくしていた。もちろん、シンボ島の地下にも森があると信じたわけではない。しかし、珍しい火口洞窟の探検は挑戦する意義があるだろう。だから古巣の静岡大学探検部に声をかけて参加者を募った。四人の希望者が現れ、私を含めた五人で再びシンボ島を訪れたのである。

もっとも島に上陸するまでが大変だった。島に渡る前に州の役所に寄って挨拶すると、署長に「あそこは人食い人種が住んでいるから、食われないようにしろよ」と笑いながら言われる有様だ。

ソロモン諸島のある部族に、かつて人肉食の習慣があったのは事実なのだが、イギリスの植民地を経て独立した今は昔話になっている。むしろもう一つの伝説の方が興味深い。シンボ島は女護《にょご》が島《しま》だというのだ。部族間の争いが盛んだった頃、ほかの島を襲って女を連れ去り、シンボ島に幽閉した。だから現在の住民はその末裔で美女ばかりだ、というのである。そりゃ、心も踊るではないか。

さて我々は、シンボ島のくびれた部分にあるレンガナ村に上陸した。森に囲まれており、木々の間にニッパヤシで葺いた小屋が点在する村だが、人口は島で一番多い。我々は村の人々と交渉して、紆余曲折はあったが彼らの聖地であるパッキオ山の洞窟調査の許可をいただいた。そして宿舎として建設途上の家を借りることもできた。まだ未完成だが、屋根も壁もあるし広間と小部屋を二つ備えた立派な家だ。我々五人が過ごすには十分すぎる基地となった。

探検隊は、毎日山に登り洞窟へもぐっては測量したり岩石を採取したりするほか、島民から生活などについての聞き取りも行った。加えてシンボ島各地に足を運んだ。結構ハードな日々だった。

それでも、島の各所を訪れることや村人と語らうのは楽しいし興味深い。島の各地に蒸気を噴く場所があり、海底から温泉が湧いている。また地熱で卵を孵化させる珍鳥ツカツクリや、巨大なシャコ貝の貝殻でつくられた貝貨《ばいか》をおさめた古い墓を調査したり。すでに村人はキリスト教徒になっているのだが、しゃれこうべの並ぶ墓は迫力あるものだった。さらに村に伝わる多くの神話や伝説を聞き出した。

そんなある日の深夜である。我々は、毎日早く就寝する。灯《あかり》は灯油のランプと電池式のライトしかないから夜更かしできないのだ。

寝室に当てたのは小部屋二つで、私と学生の二人、残りの学生三人に分かれて使っていた。蚊帳を吊るして、薄い寝袋（正確にはシュラフカバー）に入って寝る。蚊に刺されることはマラリアに感染する可能性を増やすので注意していた。

私は眠れずに蚊帳の中にいた。その頃私は夜になると咳《せき》が出て体調がよくなかった。私は寝転がったままじっとしていた。

虫の声だけが響いている。そこにイヌの鳴き声が響いた。何か遠吠えのような声。最初は、とくに気にすることもなく寝ぼけつつも聞いていたのだが、鳴き止まない。狂ったような鳴き方だ。次第に一匹だけでなく何匹も呼応するかのように鳴き出した。しかも最初は一方向からだけ聞こえていたのに、やがて宿舎を取り囲むように広がっていく。それもだんだん近づいてくるようだ。そのうち、あちこちの家で声が上がり出した。

何かあったのか？

私も目が冴えてきて、外の物音に神経を集めていた。

と、今度は子供の泣き声。夜泣きか。イヌの声に起こされたのか。

鳴き声は遠くの家からだんだん近くへ、しかも広範囲に広がっていく。風も出てきた。宿舎を中心に渦を巻くように風が吹き、木々の揺れる音がする。イヌと子供の声が狂ったように響いた。とうとうニワトリまでけたたましく鳴き出した。なにやら不気味な感じだったが、それでもじっとしていた。すると、そこへ大人の歌声が響いた。

やがて鳥の激しいさえずりも聞こえ出した。夜に鳥が鳴くか？　それも激しく。フクロウのようなのんびりした声ではない。

やがて大声で話す大人の声、そして歌声も響き出した。大勢の合唱だ。なんだ、まるでお祭りじゃないか。こんな深夜に。わいわいがやがや、それは大変な騒ぎになり賑やかなのだ。

私は寝転んだまま、窓の外を見た。ガラスのない窓からは青白い月の光が差し込んでいた。わずかに輪郭が浮かぶのは窓枠や外のヤシの木だけだ。

いろいろ考えた。もしや、秘密のお祭りが開かれているのだろうか。この島には、まだまだ我々の知らない習慣があるに違いない……。

しかし、やはりおかしい。こんなに人々の声やイヌなどの鳴き声が響くのに、まったく光がないとは。もちろん島に電気設備はないが、懐中電灯を持つ人はいたし、灯油のランプは使われている。焚き火や松明《たいまつ》もある。お祭りするなら、何らかの灯は必要ではないか。覗きに行きたい気持ちが高まった。深夜に開かれる孤島のお祭り。すごい調査レポートが書けるかもしれない。

同時に覗いてはいけない気もした。この島にはよそ者が入りこんではいけない世界もあるのではないか。

横を見ると、学生はぐっすり寝ている。起こそうかとも思った。こんなに大きな音がしているのに起きないとは。

じっと動かず外の様子を伺う。

やはりお祭りみたいだ。歌声は楽しげ。男だけでなく女の声も混じる。彼らは合唱が上手い。キリスト教の賛美歌を合唱するのを聴くとほれぼれする。この歌声は賛美歌とは違うようだが、きっと素敵なお祭りを開いているんじゃないか。私たちには秘密で。

とうとう決心して、立ち上がった。そっと覗きに行こう。確認したい。

蚊帳を抜け出した。懐中電灯は持たず、静かに隣の広間に出た。

とたんに声が止んだ。風も止まり、イヌも鳴かなくなった。

扉のない出入り口から外を覗く。

何もなかった。生ぬるい風は吹いているが、光も音も聞こえない。黒々とした森が広がっているだけだ。祭どころか、人っ子一人出歩いていない。太った月だけが深夜の村に陰影をつけていた。

へたへた、と戸口近くにあったイスに座り込んだ。不思議なことに咳はまったく出なくなっていた。

精霊だったんだろうか。私が覗こうとしたため姿を消したのか……。

このときの気持ちを説明するのはむずかしいのだが、いたって冷静に、ああ精霊が出たんだな、と思ったのである。

もちろん、精霊なんていないという論理的な思考も残っていたが、何やら確信めいたものがあった。一応、私は寝ぼけているのではないか、夢ではないか、と疑ってもみる。しかし、常套手段の「ほっぺをつねる」行為をしても目は覚めない。痛いだけだ。

それが精霊の仕業なのか。歌って大騒ぎする精霊とはなあ。一応、科学的に説明しようと試みる。

起きて外を覗くところも含めて、完全に夢だった。

大騒ぎする声は夢の中で聴いて、そこから起き上がったときは目覚めていた。日々のハードな活動のストレスから幻聴を聞いた。

こんなことがあったら面白いな、という妄想が現実と混じってしまった。

実は、村人が本当にお祭で騒いでいたが、私が起き出したために姿を消した……。

本当に精霊がいて、体調不全の私にちょっかいを出してきた。

どれも無理がある。

翌朝、学生たちに確認するが、当然のごとく何も知らない……、というより何の音も声も聞いていないという。村人だっていつもと変わりない。真夜中に何か起きたのか、村人に聞いてみようかと思ったが、何やら恥ずかしくて聞けなかった。

私は寝ぼけていたのだろうか。

しかし、証拠がないわけではない。実は昨夜の体験後、すぐノートに自分が体験したことを書きつけたのだ。イヌの声、鳥の声。子供の鳴き声に、大人が騒ぐ声。ちゃんと聞いたぞ、と書き留めた。

朝、そのノートを開くと、ちゃんとメモが記されている。少なくとも私は、ノートに書くという行為はしたのだ。

そういえば、ソロモン在住日本人の八幡さんから聞いた話を思い出した。奥さんはソロモン人で、夫婦で西部州ムンダでホテルを経営している。シンボ島に渡る前に泊まって、いろいろソロモンの話を聞いたのだ。

奥さんは、ごく当たり前のように精霊の話をしてくれた。

「私が最後にゴーストを見たのは四年前。ふりむくと天まで届くような巨大な木が伸びていた」彼女はこともなげにそう言った。「でも、最近はあまり見なくなった。子供のときはよく見たけど」

ソロモン在住二〇年余の八幡さんも否定するどころか、同じようなことを言う。

「よく精霊が出るんだ。私も時折感じることがあるけど、大変だったのはマレーシアのビジネスマンが長期滞在したとき。夜になるとヘンになる。眠れない、何か感じる、と言っては島中を歩き回る。朝になると、庭に倒れていたりするからね。困ったよ」

ほかにも悪霊の話や未接触の小人部族の話も出た。そんな話が当然のように出る。

繰り返すが、私は霊感のない人間だ。そもそも霊魂を信じていない。冒頭にオカルト話は大好きと記したが、実は懐疑派なのだ。信じていないけど、話題を楽しんでいる。すべての現象には理由があり、原因があって結果がある。そう信念を持っているのだが……このソロモンの精霊だけは今も否定できないのである。

2 秘境の湖で未知の怪獣を探せ

パプアニューギニアに行こうと思ったときに意識したのは、ニューギニア島の東に伸びるニューブリテン島だ。この島のラバウルは、旧日本海軍の基地があったことで知られているが、私が注目したのは、戦跡だけでなく怪獣のいる（かもしれない）湖があるという点だった。

極秘情報でも何でもなく、パプアニューギニアの観光ガイドブック『秘境ニューギニアの旅』（コロンブックス一九七七年発行）に書かれていたのだ。著者は白井祥平氏。観光ガイドの合間にコラムとして幾つか本人の体験談を記しているが、その中の一つに「謎の怪獣を求めて―ウィルメッツ半島の旅」があった。肝心の湖は、東西に横たわるニューブリテン島の真ん中から北側に突き出したウィルメッツ半島の先端にある。その名をダカタウア湖という。

ラバウルで手に入れた地図で見ると、半島は巨大なトカゲかヤモリの形をした島の本体の背中にキノコが生えたような形だ。そして膨らんだ傘の部分に丸い湖がある。湖の中には小さな島もあった。見るからに火口湖を思わせる地形である。

白井氏は、ここに「口はカマスみたいに大きく鋭い歯を持っていて、頭と首は長く、首には長い毛が生えていて、背中は山のように盛り上がり、手足はウミガメ、尻尾はワニに似ている……体長一〇メートルを越える動物」がいるという噂を聞いたのだ。それはマッサライ（精霊）であり、ミゴーと呼ばれている。

そこで現地を訪れるわけだが、ミゴーとはトカゲのことで、怪獣はルイと呼ばれていることがわかる。その特徴を聞いて、中生代に生息した首長竜プレシオサウルスか魚竜モササウルスではないか、と推測した。もっとも疑問点にも触れている。

証言から得た姿形の想像図も描かれていた。有名なネス湖のネッシーとよく似た、いかにも怪獣らしいイラストだ。湖の怪獣というと、なぜか中生代の巨大爬虫類になってしまいがちなようだ。

この情報は、白井氏が現地の日系漁業会社の人から聞いたのだが、その人はワニを狙って湖を訪れたドイツ人ハンターに聞いたという。体験したのは一九五九年のことらしい。誰それの知り合いの誰それの、また知り合いの……と情報の源をたどっていくのは、この手の話の定番である。

ともあれ、私もこの湖を訪れようと思った。

まず半島の根っこのところにあるタラセアという町にたどりついた。ここからカヌーで半島沿岸部を北上して湖の近くにあるブルムリという村に渡るのだ。

タラセアにはホテルがなくて、泊まるところを探して紹介してもらったのは、町で商店を経営している人の家だった。翌日、主人に会うと、恰幅《かっぷく》のよい髭面の男。こころよく歓待してくれた。

「昨夜は酒を飲みに出ていたので、いなくてすまん」と謝る。いや、突然押しかけて泊めてくれと頼んだこちらが無礼なのだが。

恐縮しつつもすぐに打ち解けて、朝食を御馳走になったのだが、すぐに彼の正体がわかった。なぜなら、店にある英字新聞を読んでいると、当の本人が写真つきで掲載されていたからだ。彼はパプアニューギニア政府の林業大臣だったのだ。

林産物資源の保護のために伐採制限を実施する……なんて記事が載っている。本人も、来月東京に行くよ、と気軽に話す。思わず日本の政治状況を説明するはめになった。しかし、各政党の英語名だって知らないから苦戦する。

それから数日間お世話になった。大臣の運転でタラセア近郊のドライブに行く。森の中に落ちた戦時中の爆撃機の残骸を見たり、タロ芋畑で芋掘りをしたり。大臣の弟に温泉の湧く沼も案内してもらった。

その後ブルムリ村に行くカヌーが見つかり、ようやく乗せてもらって村に渡ることができた。そこでいろいろな出来事があったのだが、まずやるべきことは怪獣の噂についての聞き込みだ。

精霊として崇《あが》められている怪獣はいるのか。

ところが、「マッサライ？　ノー！」

あっさり否定されてしまった。みんな笑い出す。どうやら精霊扱いはされていないらしい。本に掲載されていた様子とだいぶ違うぞ。ただ現地でルイと呼ぶ生物はいるようである。その正体はトカゲでもワニでもないらしい。

なかには「いる」という人物もいた。詳しく形態を説明してくれるのだが、体長は三〇フィートで、頭と尻尾はワニそっくり、足はウミガメのヒレのようで……。で、君はルイを見たのか？

「いや、見ていない」

直接目撃した人を探すと、一人いた。なんでも（私が訪れた時期から）一〇年くらい前に五人で湖をカヌーで進んでいるときに襲われたのだそうだ。身振り手振りで、巨大な怪獣が迫ってきた様子を再現してくれる。

おおお、迫真の様子だ。水中を泳いでいるのも見えたという。

「だから君も、湖ではもぐってみるといい。発見できるぞ」

……襲われたらどうするんだ。

「大丈夫。人は襲わない」

だって、今自分が襲われたときの話をしていたんじゃないか。

ところで、私は先のガイドブックの怪獣のコラムのページをコピーして持っていた。あくまで私の資料である。彼らに見せるつもりはなかった。日本語だし。

ところが、バッグから出しっぱなしにしていたら、彼らのうちの一人に見られてしまった。読めないだろうに……。

が、挿絵を見たのである。怪獣の想像図、つまりネッシーのような首長竜が人を襲ってくる絵である。凶暴な顔をした、まさに〝怪獣〟だ。加えて、白井氏が人々から聞き取った〝怪獣〟の姿を、モンタージュのように描いた想像図も掲載されていた。

「ドラゴンだ！」

男は、その紙を持って、ほかの人々に見せに行った。いや、それは困る……。

しかし、手遅れだった。この絵が大騒ぎを引き起こすのだ。

「こんな怪獣がいるのか」

「これはいつ起こった事件だ」

本末転倒なことを言い出した。いくら想像図だと言っても通じない。彼らにとって絵に描かれていることは写真と同じで、実際に存在することになってしまった。

もしかして、こうした想像図を現地人に見せることが、怪獣の存在する証拠になってしまうのかもしれない。ダカタウア湖だけではない。ネッシーも、外から持ち込んだ情報が増幅してしまった可能性は高いのである。

私は村人たちに案内されて湖岸にたどりついた。村から急な丘（外輪山）を越えて、歩いて三〇分くらいだった。一行は銃やデカい山刀《やまかたな》を持ち、ちょっとした遠征隊となった。

湖岸の浜は、黒い砂に覆われていた。火山灰だろう。そして周囲は絶壁に近い岩に囲まれていた。この湖は噴火口、つまり火口湖なのだ。

水は透き通っていた。手を浸すと、意外とぬるい。太陽の光で温められたのか。巨大なシャジクモ（藻の一種）が茂っている。一種類だけのようだ。そして静かだった。これまで森は、生物に満ちあふれた賑やかな世界だったが、ここは静かだ。

魚はいないという。藻だけだと。あれ、ルイはいないのか、と聞くと、その村人は照れくさそうに笑う。彼らはルイを信じているのかいないのか。

後に湖に幾度かもぐってみた（結局もぐったのだ。ルイとは遭遇しないで済んだ）ら、かなり深い。そして水は透明に近いブルー。湖底も何もまったく見えなかった。

その後、カヌーで湖に漕ぎ出した。そして湖を一周するように巡った。一周は約一〇キロにもなる。

すばらしくも怪奇的な風景が広がっていた。岸は断崖絶壁が続き、薄い霧がたなびいていた。まさに中生代のジュラ記か白亜紀か、と思わせるような世界だ。南洋の孤島の湖なんて、怪獣映画の設定にもってこいではないか。

夜になると、さらに凄かった。カヌーは滑るように湖面を進む。すると空に星が広がった。それも超弩級の天の川だ。日本では絶対に見られない星の数……。よくよく見れば、それは湖面に写っているが、気づいた。この星の半分はなんだか揺らいでいる。よくよく見れば、それは湖面に写っている星であった。空と湖面が区別なく続き、鏡のように星を写しているのだ。

カヌーの周りは星空なのだ。もはや宇宙空間を漂っているかのような気分となった。櫂をかき、カヌーが進むと湖面が揺れ、星もうごめくのだが、それが恒星間航行を行う宇宙船の感覚になる。

超古代の生き残りとされる怪獣探しで、私は宇宙飛行を体験した……。そのときの私は、夢を見ていたのに違いない。

その後、湖のほとりにあった小さな洞窟に入ってキャンプした（もちろんテントなどはなく、ゴロ寝である）が、それから数人がワニ狩りをすると言って出かけた。

ワニは、昼間はブッシュの中にいて、夜になると湖に出てくるという。そこを狙うのだそうだ。ワニの目は光るからそれを見つける。

だが、私にはわからなかった。ブッシュを見ると、たしかに光るものがある。だが、それはふわりふわりと飛ぶ。ホタルなのだ。ワニの目とホタルの区別がつかない。

湖岸でドキッとするものを発見した。

砂浜にかきわけたような痕跡。私が懐中電灯で照らすと、村人は「クロコダイルの足跡だ」とこともなげに言う。

しかも、巨大だ。ワニは腹を地面にこするように歩いたようだが、手足の位置から体側の幅を想像し、尻尾の位置と合わせると、体長二メートルはありそうだ。

村人によると、巨大ワニはこの湖にたくさんいるらしい。三メートル、四メートルの大物もいるという。

村人の一人が走った。そして大きな水音。

巨大なワニの頭骨。村人にとってワニは貴重な食料である。

しばらくすると、体長一メートルくらいのワニを抱いて帰って来た。棒で殴り殺したという。いやはや。

ワニは、まず食料となる。そして皮は売れる。村人にとっては大切な獲物なのである。ほかにも三〇センチくらいの子供のワニを生きたまま捕まえた。これは袋に入れて持ち帰り、しばらく飼うらしい。私は写真を撮ろうと、袋から出して（まったく動かなかった）カメラを構えた途端、脱兎のごとく（脱鰐か）、走り出した。やられた！　と思ったのだが、なんと横にいた少年がこれまた脱兎のごとく飛びついて再び捕まえた。おかげで私の失態は救われたのだが、ワニより少年の反射神経がすごすぎる。

ほかにも大きな洞窟でオオコウモリ狩りもした。一人が洞内で大騒ぎしてコウモリが出てくるのを待ち伏せし、みんな木の枝などでたたき落とすのだ。私も思わず一匹腕でたたき落とした。大きさは、羽根を広げると六〇センチから一メートルぐらい。火にかけて羽根や毛皮を焼くと、犬の頭をした人間のような姿になった。これらはみんなその晩の料理の素材になった。

さらに狩猟隊が、タロアと呼ぶ中型のトカゲ（四〇センチくらい）とノブタを仕留めた。ノブタは体重一〇〇キロ級の大物だ。すぐに解体されて肉片にされる。

気がつくと怪獣探しがワニとトカゲとオオコウモリ、そしてノブタ狩りが目的になってしまった。怪獣抜きでも、大満足の湖探検だった。

ちょっと怪獣について考えてみよう。そもそもダカタウア湖は、火口湖だ。それもかなり新しい。溶岩の形がまだ生々しく残っている。せいぜい数千年から数万年前に噴火で生まれたカルデラに水が溜まったものだと推測できた。つまり中生代の巨大爬虫類が棲みつくには無理がある。しかも湖には藻が生えているだけ。これでは餌にも困る。

逆に驚いたのは、ワニやオオトカゲなど爬虫類が豊富なことだ。とくにワニは数多く生息しているし、巨大な代物もいる。ワニは湖面をたたいて高くジャンプするが、それを目撃したら怪獣ぽく見えるかもしれない。オオトカゲだって一メートルを越えるものは珍しくないという。村人にとってルイは、伝説としては知られているが、生身の動物として見られていないのではないか。存在の不確かなマッサライ（精霊）そのものなのだろう。

誰かが嘘を言ったというのではない。彼らのような自然の中で暮らす民族は、伝説と現実の経験談の区別が判然としないことを、私はニューギニアだけでなく各地で経験している。

だが近代教育が行われる過程で、そうした世界は科学的に否定されていくのだ。

それは近代文明の普及を示すのだろう。が、神話や伝説を自らの経験と連続させていた彼らの文化の破壊なのかもしれない。彼らの文化の中には、たしかにマッサライであるルイはいる、と思っておこう。

3 巨大洞窟で怖いのはグアノである

ボルネオのニアの町に着いた。サラワク州の真ん中辺りにある。田舎町だが、わりとこぎれいな町並みだった。

昼食を済ませてから、少し町を散歩した。カメラ店がある。店先にはニコンやヤシカなどのカメラが並ぶほか、風景写真が貼ってあった。

何気なく見ていて、奇妙な一枚の写真に目を奪われた。

写るのは巨大な洞窟だ。ニアの町の郊外には、ニア洞窟がある。私が訪れたのも、この洞窟を探訪することが目的だ。ニア洞窟自体は絵葉書にもなるほど有名で、私もすでにさまざまな写真を見ているのだが……。

だが、この写真はなんだ? 洞窟の中に熱気球が浮いているのだ。天井近くから気球を見下ろす形で撮ったものだが、洞床には蟻のように小さく人々が群れている。何百人といるのではないか。

これほどの人々が集まって、気球を洞窟内で上げるなんて……。もう馬鹿らしさを通り越して、その場で笑い出してしまった。

店の主人に聞いてみると、外国人のグループが、ギネスブックに挑戦といって熱気球を持ち込んで洞窟の中で膨らませたのだそうだ。なんとまあ、アホなことを考えたものか。洞窟で気球を上げる人などいないから、ギネス記録にはなるかもしれないが。

もっとも、これはニア洞窟の大きさを実感できるまたとない写真だった。


ボルネオは、私が最初に訪れた外国である（正確にはボルネオは国ではなく島で、マレーシア連邦の一部）。一九歳のとき、探検部の海外遠征として渡ったのだ。

ボルネオ島の北側の三分の一が東マレーシアで、さらにサバ州とサラワク州に分かれている（正確には、その間にブルネイという小国がある）。また南側はインドネシア領で、ボルネオではなくカリマンタンと呼ばれている。

私は、大学時代から社会人になってもボルネオ通いを毎年のように続けていた。

目的は、そのたびに違う。最初は野生のオランウータンを探すためだった。キナバル山という東南アジア一の高峰に登ることもあった。少数民族の村を訪ねて居候することもあれば、熱帯雨林の中を歩くこと自体が目的にもなった。

ただ、そうした目的の合間に必ずと言ってよいほど探訪したのが洞窟である。ボルネオには石灰岩地帯が各地にあって巨大洞窟が数多くあることで知られている。とくにサラワク州には、世界最大級の洞窟がたくさんある。ボーイング747、ジャンボジェット機がすっぽり入るとされるサラワクチャンバーは有名である。洞窟の規模は世界中で毎年のように更新されているから、現在の世界一がどこの洞窟か定かではないが、ボルネオが洞窟好きには憧れの土地であることは間違いない。

私は学生時代からケイビング（洞窟もぐり）に熱中していた。日本国内は結構あちらこちらをもぐって歩き、新洞もいくつか発見した。狭い洞窟の中を匍匐前進《ほふくぜんしん》したり、泥の岩をよじ登ったり、ヘルメットが詰まるほどの狭い部分をくぐり抜けて、その奥にある未知の世界にたどりつくことが快感だったのだ。卒業後は徐々に離れていったが、いまだに洞窟と聞けば訪れたくなる。

だから海外に行っても、つい洞窟を探してしまう。しかし訪れれば訪れるほど、日本の洞窟とは違っている。その巨大さは、洞窟のイメージを狂わせる。そして恐ろしい思いをしたことも幾度かある。

ニア洞窟は、観光向きに整備されたところだ。洞口までのジャングルには木道が敷かれてあるから、たどりつくまでも苦労しない。加えて、洞内には四万年前の人類の住居跡が発見されている。また周辺には壁画のある洞窟もあり、その見学も行えた。私の名刺に、その壁画の一つのカヌーに乗った人の画をトレードマークとして入れていたこともある。

ニアの本洞にたどりつく途中に、別の洞窟の中を通り抜けた。通路になっているのだ。そこには小屋が建っていた。ニア洞窟で働く人々の住む仮小屋なのだそうだ。

子供の姿もあったから家族ぐるみで住んでいるらしい。ただし小屋と言っても屋根がない。洞窟内だから、雨が降るわけではなく屋根をつくる手間をかけなくてよいわけだ。さらにテニスコートがあった。働く人々の福利厚生だろうか。洞内でテニスを行うのも醍醐味かもしれない。

ニア洞窟の中でも最大の本洞にたどりつき、洞口に立ったときの迫力は写真以上だった。洞口にある小屋もミニチュアのようだ。

ニア洞窟最大の本洞の洞口。天井までの高さは60mある。

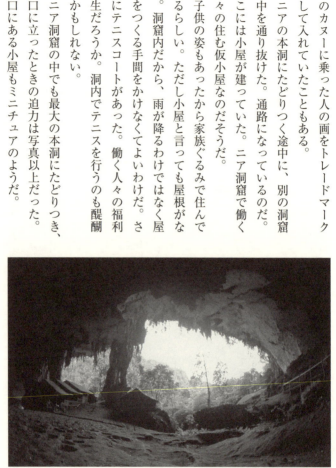

洞口部分で高さ約六〇メートル、幅は一〇〇メートル以上あるという。少し奥に入ると洞床が下がり天井はさらに高くなっているから、洞内の最大高低差は一〇〇メートルを越すのではないか。天井には、巨大なつらら石……長さ一〇メートル以上のものがぶら下がっている。

これなら気球も上げられるわけだ。写真の気球の大きさはわからないが、通常の熱気球なら、せいぜい直径一〇メートルぐらいだ。その下に吊り下げるゴンドラ部分を入れても、三〇メートル程度ではないか。

実は、私は学生時代に熱気球づくりに取り組んだことがある。私が主導したわけではなく、探検部の後輩がやりたいというので手伝ったのだ。ただ探検部の枠に納まらなくなったので、別のサークルを立ち上げた。名づけて「グループ飛行少年」。……後輩は未成年だったのである。非行に走らず飛行する少年の方が健全だ。結果的に、私の卒業時には完成していなかったので、私が乗ることはなかったが。

ともあれ、熱気球にはそれなりの思い入れがある。いっそ、洞窟の天井探検に使える気球をつくれば、新境地が開けるかもしれない。ゴンドラを下に吊るすのではなくて、気球の上に設置できないか……。

洞窟の天井を見上げると、アナツバメかコウモリが群れていて、渦を巻くように飛んでいるのがかろうじて見えた。ただキイキイ甲高い鳴き声が聞こえる。

「燕の巣を取るために人が登っているよ」

ガイドが言った。

たしかに天井付近に動く人影が見えた。小さく判然としないが、チラチラ光が揺らめく。そうか、ニア洞窟で働くと言っても、仕事は観光案内などではなかった。燕の巣を取ることだったのだ。中華料理の高級食材として高く売れる。しかし、なんと危険な職業だろうか。

「どこから登るんだ」

私の問いに、山の上の別の入口から天井に下りるルートがあるという返事が返ってきた。そのルート、行ってみたいと一瞬思ったが、想像するとかなり怖い。天井に開いた部分まで下りてきたら、急に広くなって下まで一〇〇メートルほどズドンと落ちているのだから。

ところで、私が海外の洞窟で本当に怖い思いをしたのは、こうした巨大さや、高い天井部分ではない。むしろ洞窟の地面に驚かされたのだ。

ニアの洞内を進むと、ときどき頭にずた袋を乗せた人々とすれちがった。袋の中を見せてもらうと、グアノが入っていた。グアノとは、一般には海洋島などに堆積した海鳥の糞（が化石化したもの）を指し、貴重なリン酸や窒素肥料として掘り出されている。

熱帯の洞窟にもコウモリ、あるいはアマツバメのような洞窟性の鳥がたくさん棲み、彼らの糞が洞内に山となっている。これもグアノと呼び、肥料として人気があるため掘り出されているのだ。これらの採取は、悪くない仕事らしいが、問題は猛烈にアンモニア臭がすることだ。これほど悪臭を発する物質を頭上に乗せる勇気には参った。完熟グアノはさほど臭くないというが、洞内にあるものは、ただただ臭い。完全に醗酵を終えていないのだろうか。

私は、このグアノに関して恐怖体験をしたことがある。それはサバ州の洞窟だった。観光洞窟ではない。ジャングルの中の洞窟に、たまたま案内してくれる人がいたのだ。

そこも洞口は巨大だったが、それよりも初っぱなからグアノの臭いが漂っていることが気になった。それでも我慢して奥に進む。グアノの山は洞内に高さ十数メートルになっていた。おそらく何千年もかけて堆積したのだろう。それを登るわけだ。

悪臭の山を登るのは辛い。し尿タンクに落ちて這いずり回る気分になる。しかし、本当の辛さ怖さはこれからだった。

足元はふわふわだった。降り積もった糞が、まるでバージンスノーのような……。が、そんな美しい表現は無意味だった。

斜面に踏み込むと、サササッと動く影。怪訝な気持ちで懐中電灯で足元を照らして見ると、グアノの表面には何か蠢《うごめ》いていた。

その影は……巨大なゴキブリの形をしていた。いや、間違いなくゴキブリだ。それがグアノの表面をびっしりと覆っていたのだ。私が何気なく足を踏み込んだために、ゴキブリが四方八方に散ったのである。とにかく数が半端ではない。私は、ゴキブリに囲まれていたのだ。

頭が真っ白、いや火花が散るような感覚になった。悲鳴も出ない。グアノは栄養満点だからゴキブリにとって餌の中で生息しているようなものなのだろう。私は、その餌の中に踏み込んでしまった。

ゴキブリと言っても、日本の台所にいるような代物ではない。もっと巨大だが、そんなにテカテカ光っていなかったように思う。ただ、ザワザワという嫌らしい動き方はゴキブリそのものだった。それが人間の気持ち悪さのツボを押すような感覚。ここで足を滑らせて転んだら……。恐怖をこらえながら、バックして、洞窟から脱出した。

もっとも、ゴキブリは本来森林に棲む昆虫である。それが人間の暮らしの場に進出して嫌われるようになったわけだ。台所など大切な食べ物のあるところに出没するためだろうか。私が洞窟で出会ったのは森林性のゴキブリなんだから、嫌がる必要はない。数ある森の昆虫の一種類ではないか。

そう思うと、文句をつけてはいけない……。でも、やっぱり怖かった。

4 奥地の村で見たもの見逃したもの

ボルネオ奥地の村を訪ねる旅に出た。ただし一人ではない。今回は別のミッションがあった。むしろ、私は同伴して横から見学するのが目的だ。

メンバーは、まずフジオカ氏。今回の主役である。かつて林道に橋を架ける仕事でサラワクに渡った彼は、少数民族クラビツ族の女性と紆余曲折を経て結婚。彼女の故郷であるロングセリダン村に暮らし始めた。この村は、サラワク州でもジャングルに囲まれた奥地にあるが、そこが今回の目的地だ。

フジオカさんは、この村で事業を起こすつもりで、私財を注ぎ込んで水田や果樹園などの農園や牧場づくりに着手した。だが途中で資金が足りなくなり中断。妻子を伴って日本に帰った。今回は、妻の故郷への里帰りである。ちなみに妻子は先に送り出していて、私たちは後追いだ。

同行者は、私のほか二人いた。

ショウコさんは元青年海外協力隊員で、マライ語の達人。某大学で講師を勤める。

そしてヒサコさん。国際協力関係の団体に勤務する英語の達人。

そして私。まったく語学に自信がない。

この四人だ。私は取材を兼ねているが、ショウコさんとヒサコさんは、フジオカさんが行っている村の開発計画に興味を持ったそうだ。といっても、個人的な旅行である。

このメンバーがリンバンの町で合流し、ロングセリダンへ出発することになった。

まず買い出し。ロングセリダンへ持っていく食料その他を買い込む。段ボール箱一〇箱以上になった。これをタクシーに積んで郊外のあるポイントまで運ぶ。じつは昨夜、ロングセリダンからトラックが到着しているのだが、あまりのボロ車両のため街を走ると整備不良で捕まるとかで、郊外に隠してあるのだという。

実際に目にしたトラックは四輪駆動車だった。ただ燃料節約のため滅多に四駆にしないそうだ。酷使されていることは、一目でわかる。なんと速度計や燃料計、温度計などメーター類がすべて動かない。一方で荷台のタンクに予備のガソリンを大量に積んでいる。村までそれほど遠いのか。しかも、途中でガソリン補給できないわけだ。

荷物を積み込むと、助手席に女性二人を詰め込み、荷台に板を渡してそこに私たち男二人と、便乗するクラビッツの老人の三人が座る。

運転するのは、フジオカさんの義理の弟になる青年。我々を迎えるため、昨日五時間かけて山を下りてきたという。

もともとロングセリダンに車で行ける道はなかったそうである。だがフジオカさんが、近くまで伸びていた林道に自力で道をつくってつないだのだ。

トラックの荷台は気持ちよかった。日除けに被った麦わら帽子は風で飛び、役立たずだったが、風がびゅんびゅん顔に当たるから暑くない。道はすぐ舗装が途切れ地道になった。変わる景色が楽しいし、荷台に伝わる振動がバイブレーションとなり、眠くなるほど気持ちいい。むしろ助手席に座った女性陣の方が狭くてきつそうだ。

一度食事のため停車した後は、ひたすら走った。起伏は激しいが、前日降った雨のおかげでほこりがたたないのは助かった。気がつくと、道の両側は深い森になっている。

休んだのは、車がパンクしたときだけ。もっとも、それが二度ある。最初はスペアタイヤに交換したが、二度目はタイヤからチューブを抜いて、運転手が肩にかけて姿を消した。数時間後、帰って来てまたチューブをタイヤに入れる。木材伐採会社の基地まで歩いて行き修理してもらったそうだ。

日が暮れ始めた頃に、林道の幹線から支道に入った。とたんに悪路になる。急坂、急カーブの連続。傾斜も半端じゃない。あちこち崩れており、道幅が半分もない地点もあった。登り道は車だけで登れず人が下りて押すこともあるという。

しかし運転手は速度を落とさない。道とは思えず、崖を落下している感覚。ほとんどジェットコースター気分である。いや、ジェットコースターは安全を前提にしてスリルを楽しむが、こちらは本気の怖さだ。運転台の屋根のバーを握った腕が振り回され指の感触がなくなる。だが放したら体は吹っ飛ばされるだろう。

急に天候が崩れ、土砂降りになった。荷台の我々はずぶ濡れだ。

赤土はすぐ泥となり、車は尻を振ってスピン気味に路肩に乗り上げる。ヒィと悲鳴が出た。橋が落ちた川もタイヤを半分水没させながら渡河する。びしょぬれだから、風を切ると急速に体温が奪われ、体は冷え切った。

日没の時刻が迫った頃、谷に入った。すると人家がポツリポツリと見え出した。そして巨大なロングハウス（集団で住む長屋）。到着した。出発してから七時間たっていた。

ロングセリダンは、村の真ん中に飛行場になる原っぱがあり、その両脇にロングハウスが二棟ある。昔のロングハウスは、中にがらんどうの広間があり村人全員が見える状態で暮らしていたそうだが、最近は小部屋がつくられて、家族ごとに部屋があるようだ。

ただ個人用の住宅もいくつかあった。最近の若い者は、プライバシーのないロングハウスの生活を嫌って個別の家を建てている、とはフジオカさんの話だ。

その周辺に診療所や小学校などがあった。それなりに行政機関は整っている。意外なことに、ロングセリダンは〝都会〟だった。ろくな道もない奥地の村ではあるが、逆にこの地方の中心地になっているのだろう。日によっては市も開かれるらしい。

フジオカさんの家族が待っていた。あっと言う間に人々に囲まれて、ロングハウスの一室に通された。ここがフジオカ家の部屋らしい。部屋の中には炉もあった。

ロングハウス内には広い廊下がある。ここが共同の集会所にもなる。私がこれまで訪問したイバン族のロングハウスでは、毎夜ここで宴会をしたのだ。最初は客人（私のような訪問者のこと）を迎える儀式のような話し合いや挨拶もあるが、やがて地元で醸造されたどぶろくのような酒が振る舞われ、金属のドラムのほか、竹製の楽器が次々と出てきて、最後は飲めや歌えや踊れやになる。

ところがロングセリダンでは、酒や煙草は御法度だった。なんと全住民がクリスチャンのうえ、とくに戒律の厳しい宗派らしいのだ。これまでイバン族の村を訪ねるときは、トゥライ・ルマ（ロングハウスのリーダー）にタバコなどをお土産に持って行ったものだが、ここでは通用しない。もっともフジオカさんは、ヘビースモーカーで酒好きで、今回もたっぷり自分用を持ち込んでいたのだが。

それでも滞在中に住人が廊下に集まることはあった。昔ながらの井戸端会議のような語り合いも行われた。その中の一人が踊りを披露してくれたりもした。

しかし違和感があった。顔を出すのは、老人ばかりなのだ。若者や子供の数が極端に少ない。

そもそもロングハウスの人口自体がロングハウスの大きさに比して少ない。そのため話も陽気に盛り上がらないのである。

最初は、若者は寄り合いに出ないだけかと思った。だが、どうも違う。話を聞いていると、若者の多くは町に出たそうだ。あるいは近くの伐採キャンプで働いているという。現金収入を得るためだ。学校も村にあるのは小学校だけだから、上級の学校に進学したければ町に出ることになる。

ようするに過疎高齢化が進行しているのだ。奥地の村ほど限界集落と化している……。日本と変わらない。

フジオカさんの計画は、この村で「バリオライス」を生産することだった。この米は、サバ、サラワクの最高級の米である。そのため水田を開墾したのだが、耕すのはインドネシアからの移民だという。クラビツ族は主に焼畑を行っているから、まず彼らに米作を教わろうというのだが、労働力不足もあるようだ。

さらにショックの決定版は、テレビだった。

部屋の中にテレビがあったのだ。電気は自家発電している。夜はみんなでテレビを見る。奥地でも衛星放送が入るのである。おかげで夜になっても廊下は賑わわない。各戸別に家族で過ごしているのだ。

テレビのチャンネルをリモコンで変えると、ＮＨＫが映った。ＮＨＫの国際放送が入るのだ。ボルネオの奥地に来たつもりなのに、まさか日本のテレビ番組が見られるとは。そのときニュースでは、日経株価の暴落と円の急落を伝えていた。さらに美川憲一と研ナオコの歌謡ショーが始まったのである。

ボルネオ奥地で「かもめはかもめ〜♪」と聴く、この違和感。しかし、思わず聞きほれてしまう私がそこにいたのだった。

この村に数日滞在して、私は帰途についた。私の休暇は限られていて、すべてをこの村で費やすわけにはいかなかったからだ。基本的に私は傍観者で、フジオカさんらの滞在に付き添っただけにすぎない。

ショウコさんとヒサコさんは、数日遅れて帰るという。問題は帰り方だ。一日待てば、週に一便の飛行機が来るらしい。それに乗れれば簡単に海岸近くの都市ミリにもどれる。しかし、事前情報では満席だという。フジオカさんは、なんとかなるさ、と自信ありげだったが、乗れなかったら、どんどん帰国するのが遅くなってまずい。

そこでボートで川を下るルートを選んだ。ロングセリダンから海辺まで川筋をたどると何百キロにもなるが、そこをボートで下るのだ。それも楽しいだろう。

私は、近くのアブラヤシ農園まで車で送ってもらい、そこの川辺から乗合ボートに乗り込んだ。結果的に一日がかりの船旅になったが、夜にはミリの街にたどりついた。

が、帰国してからショウコさんに衝撃の事実を聞いた。

私が発った翌日、ロングセリダンで日蝕が起きたというのだ。それも皆既日蝕である。太陽が月に隠れ、村一帯は暗闇に包まれた。そして輪郭だけが光り輝くダイヤモンドリングが見られたというのだ。

日蝕は、地球の約半分の地域で見られる月蝕と違って、起こる範囲は極めて狭い。せいぜい幅が一〇〇キロ~二〇〇キロの帯状に伸びた地域だけだ。それが海の上や砂漠地帯なら見る人はほとんどいないはず。空に雲などがかかっても見られない。

二〇〇九年七月に日本の屋久島から奄美大島海域で起きた日蝕でもそうだった。皆既日食の起こる地域のほとんどが海上で、日蝕範囲に入っている島々では、一目見たい人々が殺到していた。

しかし肝心のその日は、大雨で誰もが見損ねたのである。わずかに飛行機で雲の上から見た人はいるというが、窓ガラス越しだろう。完全な皆既日蝕が見られるのは場所と天候などが合致したごくわずかのチャンスしかない。

ロングセリダンで日蝕が起こること自体が奇跡的だが、その発生時に（私以外は）居合わせたとは。私が村を出た翌日はきれいに晴れていたとは。

そんな情報、事前に知っていたら、何がなんでも出発を延ばしたのに……。

たった一日急いで村を発ったために、世紀の天体ショーを見られなかったとは。悔やんでも悔やみきれないのだった。

5 幻の民〝森のプナン〟に会えた！

ロングセリダンで日蝕を見なかった私がもっとも興奮したのは、〝森のプナン〟の人々に会えたことだ。

〝森のプナン〟は、今や幻の人々なのだ。なぜならボルネオの森を常に移動しているため、滅多に出会えないからである。彼らは熱帯雨林の中を移動しつつ狩猟採集生活を送る地球最後の部族とさえ言われている。

同じような部族はアマゾンやアフリカにもいたはずだが、どんどん定住が進んでいる。それはプナン族も例外ではない。州政府が定住化政策を強引に進めているからだ。プナン族でも定住した人々は増えていた。なれない農業を始めたり、工芸品づくりを行ったりしている。それでも定住を拒んで森に暮らすグループは残されていた。彼らを〝森のプナン〟と呼ぶ。現在も完全な遊動生活を続けているのは、世界でも彼らのほか、ほとんどいないのである。

だから、〝森のプナン〟に会いたい（そして生活文化を研究したい）という研究者は多い。しかし遊動するプナン族と出会うのがいかに難しいか、という話ばかり聞かされてきた。私の知っている研究者は〝森のプナン〟を追いかけてジャングルの中を何日も歩き続けたのに、距離は開くばかりでとうとう諦めたそうだ。私も、民族学的な関心ではなく、滅多に会えないことで一層プナン族への興味をかきたてていた。

ロングセリダン周辺は、プナン族の遊動地域ではあったが、あまり期待していなかった。ところが私たちが到着して三日目に、男女二人のプナン族が現れた。しかも、求めに応じて我々の滞在するロングハウスに姿を見せてくれたのだ。

彼らは兄妹だった。年齢はわからないが、見かけでは兄は一七、八歳、妹は一二、三歳か。上半身は華奢なのに頑丈そうな裸足がアンバランスに感じた。

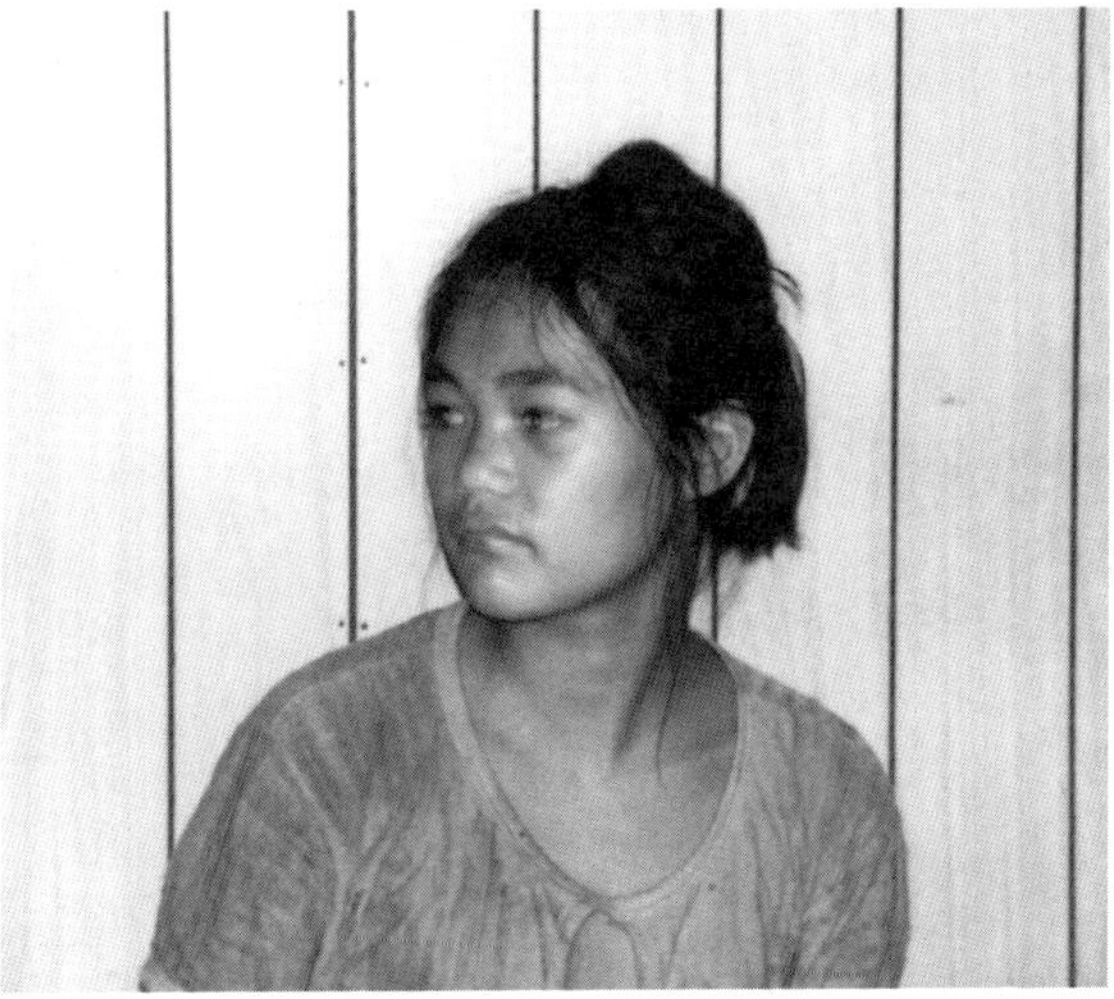

プナン族の少女。大きな瞳と強烈なオーラが印象的だった。

その姿顔立ちには独特のものがある。大きな瞳。まったく無表情なのだが、何も不機嫌なわけではなさそうだ。むしろ高貴な雰囲気さえある。とくに妹の表情に私は見ほれてしまった。どちらかと言えば美少女タイプ。しかし強烈なオーラを漂わせている。ヘタに近づいたら、パラン(山刀)でばっさり切られそうだ。アニメ『もののけ姫』の主人公サンのよう、と表現すればイメージが湧くだろうか。

着ているのは柄入りTシャツだ。これは貰い物だろう。クラビッツ族の女性が渡しているのを見ている。洗濯する習慣がないのか、真っ黒で生地もボロボロの服をまとっていたが、野生味をムンムンと漂わせている。

フジオカさんとショウコさんが、マライ語で質問するが、なかなか通じない。兄は少しマライ語を知っているものの得意ではなく、妹はプナン語しか話さない。結局、クラビッツの人にプナン語をマライ語に訳してもらい、二重通訳でようやく会話ができた。いろいろ質問もしたが、やっぱりすごい。朝から七時間歩いて、ここにたどりついたという。彼らのグループは十数人で行動しているらしい。

雨が降ったら、木の下で止むまで何日でも待ってるんだとか。ただクリスチャンだというし、妹の左手には腕時計もあった。おそらく時間を見るのではなく、ブレスレット代わりなのだろう。貰い物なのかもしれない。

長さ二メートルはある吹き矢を見せてくれた。直径三センチほどの硬い材質の木を見事にくり抜いているのだ。旋盤があってもこんなきれいに二メートルもまっすぐにくり抜くのは至難の技ではないか。吹き矢の矢には、触ったら人でも死ぬといわれる毒が塗りつけられている。そして腰の毛皮……。驚いたのは香木を持っていたことだ。香木とは熱すると樹脂が芳香を放つ木で、沈香《じんこう》や伽羅《きゃら》と呼ばれるものは金と同じ価値があるという。彼らも、こうした産物を採取して町で金銭に替えたり、物々交換に使うらしい。

ショウコさんとヒサコさんは、色紙で鶴や風船を折って見せる。すると、彼らは珍しく笑顔になった。籐で編んだ腕環を外して二人に渡した。私はもらえなかった……。

プナン族について語る際、欠かせない人物がいる。スイス人のブルーノ・マンサーだ。マンサーは一九八四年にサラワクに渡り、時間をかけて〝森のプナン〟たちと仲良くなり、一緒に森の中を移動しながら暮らし始めた。もともとスイスでも自給自足生活を送っていたというから、〝森のプナン〟の一員になりたいという思いは本気だったのだろう。

だが、プナン族の生活を脅かす事態がボルネオでは進行していた。森林開発の波である。サラワクは熱帯木材の産地として、大規模な伐採が進み始めたのだ。巨木を伐り出すことで州政府や企業は莫大な収入を得るようになる。

熱帯雨林の伐採は、日本で行うような皆伐、つまり山の木を全部伐り出すようなことはしない。太くて金になる巨木を抜き伐りする。だいたい一ヘクタール当たり一～三本だ。それぐらいなら……と思ってしまいがちだが、実は伐った木にワイヤーを掛けて林道までブルドーザーで引きずり出すので、森の中はズタズタになってしまう。運び出すのに邪魔な木は伐り捨てる。表土も掘り返す。結果的に森の半分くらいが傷つくのだ。

森が劣化すると、森で暮らす少数民族の生活は苦しくなる。狩りの獲物がいなくなり、有用植物も姿を消してしまうからだ。定住せず農耕を行わないプナン族はもっとも困窮した。そのため、とうとう彼らは伐採反対の狼煙《のろし》を上げた。林道にバリケードを築いて封鎖したのである。一九九〇年前後のことである。

だが林道の封鎖は、地元の警察や軍隊の出動を招いてしまった。バリケードを築いたプナン族の多くは、逮捕されて刑務所に入れられた。マンサーも、彼らと行動を共にしたため警察に逮捕されてしまうのである。

この事件は、現地以外では知る人の少ない出来事として処理されようとしていた。

しかし逮捕されて移送中にトラックから飛び下りて逃げたマンサーは、この事態を世界に訴えるべくサラワクを密出国し、国連機関やNGO、マスコミに呼びかける。そして世界中を回って熱帯雨林の危機、プナン族の危機を訴えた。地球サミットにも出席した。これがきっかけとなり、新聞や雑誌に事件が大きく報道されることになり、世界的な熱帯雨林伐採反対運動へと発展するのだ。

成果はあった。欧米では熱帯木材の輸入制限や使用禁止が進み、サラワク州政府も徐々に木材伐採量を制限するようになった。だが、プナン族の生活が守られたかと言えば、そうでもない。むしろ州政府は定住を推進したからだ。

マンサーは日本も訪れている。私は大阪の集会で会った。見たところひょろりとした小男でひ弱そうでもある。ボルネオのジャングルの中で暮らしてきたというたくましさは見えない。彼に挨拶すると、ニコリと笑顔を見せて、握手した手が力強かった。

その後、一緒に食事に行ったのだが、居酒屋で出た割り箸を手に取って首をかしげていた。割り箸が熱帯雨林を破壊する一因だと聞いていたのかもしれない。じっと割り箸を眺めている。

実際のところ、割箸を熱帯木材でつくることはないので、私はそう説明しようとしたのだが、伝わったかどうか。ただ覚悟を決めたのか、割り箸を割って食べ出した。意外と箸の使い方は上手かったと記憶している。

マンサーは、プナンの人々と会うまでロングセリダンで半年待ったという。そして彼らと同行させてもらうよう頼んだ。もちろん断られる。だいたい彼らの森の中の移動速度についていけない。だが時間をかけて、少しずつ認められるようになった。マンサーも森の中の生活術を身につけて、ようやく仲間に入れてもらったのだ。

プナン族と接触したのは、リサーチのためか、という私の質問に、彼は首をかしげた。リサーチ（調査）という言葉が嫌だったのだろう。プナン族と友達になりたかった、というのが本当の理由だそうだ。

彼の活動が元となり、プナン族の写真集や研究書やルポルタージュが次々と出版された。彼自身も幾冊か経験をまとめた本を書いている。そのためボルネオの少数民族の中では、もっとも世界に知られた部族となった。

おそらくそれは、彼の望むところではなかったはずだ。森でひっそりと暮らすプナン族に彼は憧れていたのだから。しかし、彼が行動しなければプナン族の生活が奪われる、熱帯雨林の破壊が続く、という危機感を持っていた。

ただマンサーは、やはり政治的な運動は苦手だったのだろう。注目を集めようと、奇矯《ききょう》な行動をとったことが逆効果になったこともある。彼はマレーシアから入国禁止にされていたが、二〇〇〇年にこっそりサラワクに潜入した。そのルートはだいたい聞いているが、秘密にしておこう。

再びプナンとともに森の生活を始めたマンサーだが、プナン族から悪霊の住む場所と聞いたインドネシアとの国境付近の岩峰バトゥ・ラウィに単独で登ると言って出かけ、その後消息を絶った。事故死したとされるが、今も伐採業者に暗殺されたのではないかという噂が根強く流れている。

少し脱線すると、林道封鎖を行ったのはプナン族だけではなかった。クラビッツ族も参加していたのだ。彼らも狩猟や採集を行い、森は重要な生活の場だからである。しかし、彼らの名はほとんど出て来ない。

驚いたのは、フジオカさんが林道封鎖の現場にいたことである。そしてマンサーと酒を酌み交わして少数民族の生活について語り合った（ときに、怒鳴り合った）そうだ。プナン族は今後どうすればよいのか……、二人の思い描く方法論は違っていたが、どちらも彼ら少数民族の将来を真剣に考えていたのだろう。

その話を聞いたことが、私をロングセリダンに駆り立てた理由の一つである。

さて、プナンの兄妹と一緒に来たプナン族の一団とも会った。そして彼らが仕留めたシカとサルを見せてもらった。もちろん食べるのだ。シカは小型のもので、サルはおそらくリーフモンキーだろう。一晩でこれだけの獲物を捕れるのは珍しいそうだ。

獲物は皮ごと火に掛けて毛を焼き、簡単な燻製に仕立てる。これで1週間くらいはもつそうだ。我々はシカの肉を少し買い取った。その日の夕食に食べたが、なかなかオツな味だった。ただサルの首が血だらけで転がっている光景は、ちょっと……だったけれど。

私は、彼らと森の中に入ったわけではない。ましてや遊動生活を経験したわけでもない。しかし、会えただけで嬉しい。プナンは、それだけ魅力のある存在なのである。

現在、彼らは大半が定住している。観光地で手づくりの工芸品（楽器やミニチュアの吹き矢など）を作って売っていた所に出くわしたこともある。それで落ち着いた生活が送れているのならよいのではないか……。

だが、わずかに遊動生活を続けるグループもあると聞く。彼らの存在に、ほんの少しの憧れと夢を見るのである。

6 ボルネオの空中スラムに居候する

アジャ牧師を訪ねたのは、サラワクのシブ市―大雑把に言えばボルネオ島北西部の川筋の港町―その郊外のシブ川の岸辺にあるカンポン・ウサハジャヤ（成功の村）と呼ばれる場所だ。アジャさんはここに住んでいる。私は縁あって、彼の家にしばらく居候させてもらうことになったのである。

初めて訪れたとき、その風景に目を奪われた。なぜなら、街全体が空中に浮いているからだ。

建築物はもちろん通路も広場も庭も、みんな浮いている。それも広大な面積だ。ざっと幅は約一キロにおよび、奥行きが数百メートルにもなる。何百軒とある家屋と、そこを結ぶ通路が網の目状に広がっている。ところどころに広場もつくられている。それらが全部地面から一メートルから三メートルの高さに浮いていると言ってよい。

空中に浮くと言っても、巨大な船が空を飛ぶような光景を想像されては困るのだが、みんな高床式の造りなのだ。そもそも建てられているのが岸辺のため、地面はすぐ水に浸かる。奥に行けば行くほど水面になっている。干潮時は岸に近いところならほとんど干上がるが、満潮になると水の上になる。

干潮満潮の影響だけでなく、雨期になって水位が上がれば川幅が膨らむから、住居のすぐ下まで水に浸るだろう。

そこに丸太や角材の支柱を立て、その上に床を張っているのだが、造りはお世辞にも立派とは言えず、木片の集合体のように見える代物だ。その板の隙間から下の地面が覗ける。

おそらく支柱だって防腐剤を注入しているとは思えないから、水に浸かっている部分はすぐに腐るのではないか。しかも通路の幅は一メートルもあれば上等で、手すりもなし。人が歩くだけで揺れ、ところどころ腐って横木が欠けている。不用意に足を置けば踏み破って転落するだろう。

水位は潮の干満とともに上下するが、泥水が溜まり腐臭を放っているところもある。住人の出すゴミや排泄物が捨てられているからだろう。ただ、水位が上がった際に流されてしまうらしく、それほど深刻なゴミ問題や環境悪化は起きていないようだ。

ボルネオからフィリピン南部にかけての沿岸部には、バジャウ族など海の民がつくった海の上の住居があるのだが、そことは似ているようで微妙に違う。なぜならこちらに住むのは大半が森の民だからだ。

アジャさんの住居に行くには、岸辺を走る幹線道路からヘドロの溜まった水路をまたぐ橋を渡らなくてはならない。その橋も歩くたびに揺れ、人がすれ違うのがせいいっぱい。橋を渡ると、急に網目状に（板張りの）道が広がり、村になっている。いわば迷路のような空中回廊を縫って奥に進むのだ。

無事アジャさんの家にたどりつくと、家の前面はテラスになっており、夕涼みもできる八畳ばかりのスペースがあった。ここに来て、ようやく安心して立っていられる。

家の中は、リビングと寝室、そして一番奥が台所だった。台所の外にトイレと水浴び用のテラスがある。そこからはまた細い板張りの通路が延びていた。

家は隣り合うもう一軒と内部でつながっていた。廊下を進んで扉を開けると隣の家の中、両家族はどちらもイケイケ状態。日本にも二世帯住宅など別の世帯が扉一つだけでつながって住む家があるが、あれは親子であるのが基本だ。アジャさんと隣の人との関係は詳しく聞かなかったが、親族ではないようだ。もともとボルネオの森の民は、ロングハウスと呼ぶ大きな長屋に一緒に住んでいるから、抵抗はないのかもしれない。

板一枚下が湿地である家の中は、ビニールのカーペットとラタン（籐）を編んだマットを敷いているから、見た目はオシャレな南洋風。テレビやガスコンロなど家財はそろっているし、水道も引かれている。

電気は共同の自家発電設備から引いている。ただし電気が使えるのは夜だけだ。

ここに居候すると、どうしても村の中を探訪したくなる。だが、細い空中回廊が縦横無尽に延びて迷路のようだから迷いかねない。しかも奥ほど幅数十センチしかない板一枚の平均台のような通路だ。ときに行き止まりになるが、奥の意外な一角に小物を商うお店や茶店があったり、モスクやキリスト教会までつくられたりしていた。

狭い通路で凧揚げをする子供たち。
通路は子供たちの遊び場だ。

ようやく最奥部に到達すると、そこから見えたのは一面の葦原だった。そこにも建築中の家があり、子供たちが通路の下を流れる川にもぐって遊んでいたりする。なんともファンキー?な風景が広がっていた。

手すりもなく、歩けば揺れる空中の通路は危険極まりないように映る。しかし住人は平気で歩く。子供は凧を上げようと走り回る。自転車やオートバイさえ走らせる。驚いたことに住人のなかには目の不自由な人もいた。彼は、杖を片手に器用に通路を渡っていた。

私も徐々に慣れて、歩く度に「道」が揺れるのを楽しめるようになった。

それに、この空中スラムの生活、なかなか快適なのだ。川に面しているから涼しい風が吹く。地面の下に水が広がっているせいか、気温も低め。蚊のような害虫が発生しないのかと心配したが、少なくても私の滞在中は蚊に悩まされることはなかった。水が絶えず動いているからだろうか。

家の下の水場では洗濯や水浴びもするようだ。あちらこちらに設けられた広場兼テラスでは、昼間からおばちゃんたちが集まってガールズトーク？　している。男たちも夕暮れになると、自然に集まる。酒も飲む。闘鶏など賭博に熱中する姿も見られた。

そこに私も仲間入りさせてもらっていた。

手すりもない板張りの通路を、住人は平気で歩く。
オートバイだって通る。

怠惰に過ごし、宙に浮いた村の中をウロウロするばかり。茶店でお茶を飲んだり、出会った人と無駄話をしたりするだけ。

昼間はバスでシブの町の中心部に出てウロウロ。フライドチキンやアイスクリームのファストフード店に入る。清潔な店内は冷房が効いた「近代的生活」だ。そして夕方帰ってくると、また空中スラム内をウロウロ。こちらはベタな人と人が交わる世界である。そんな生活を楽しんで、私自身が人生を宙に浮かせていたのかもしれない。

シブは、昔から水上交通の拠点として発展してきた町だ。奥地で伐り出された木材も、筏《いかだ》で川を運ばれて、シブで貨物船に積み込まれる。そのため内陸部から多くの若者が集まるようになった。

とはいえ森から出てきた少数民族が、町に住む場所を確保するのは至難だ。土地はないし、家賃が払えるほど安定した稼ぎはない。そこで所有者のいない湿地帯に家を建設したらしい。彼らは森でも川岸に高床式の家を建てるから、水面の上の家には抵抗はなかったのだろう。もちろん計画性はなく、早いもの勝ちで建設した結果だろう。

ようするに、この村は川岸を不法占拠して成立したスラム街なのである。シブだけでなく、各地に同じような不法な住居地帯はあるらしい。ただ、これほどの規模は珍しい。

州政府は、この地域に家を建築して住むことを禁じて、一時はいくつかの家を強制的に取り壊す事件も起きたという。しかし住人は増え続け、逆に彼らの票を当てにした議員の後押しもあって、なし崩しになったらしい。

ただし、スラム街にありがちな不衛生で貧困と犯罪が蔓延した世界というイメージとは違う。もっと明るい空間なのだ。住民は、裕福でなくても食うに困るほどの貧困ではなく、村の中は意外と衛生的。掃除も行き届いてゴミも滅多に落ちていない。ホウキでゴミを板の下に落とすだけで掃除は完了なのだから、簡単かもしれないが。

住民はイバン族のほか、メラナウ族、カヤン族などが多数だと聞いた。アジャさんもイバン族に属する。ところが徐々にモスリム（マライ人）や華人なども増えてきたという。もはや少数民族に限らず、町からあぶれた人々の住む村になってきたのだ。住人は、町の工場や商店で働く者のほか公務員もいて、毎日バスで通勤している。民族別に三つの自治組織があり、年二回開く委員会で村の問題を話し合うそうだ。

住人も組織票を武器に、選挙のたびに政治家へ橋の改修や水道の敷設、学校、教会、モスクの建設などを要求してきた。

アジャさんの属するキリスト教団体は、少数民族の生活改善を目的としていて州政府の公認も得ている。活動の場の一つとしてカンポン・ウサハジャヤを選んだわけだ。

だからスラムの中でも顔が広い。人とすれ違うたびに立ち話に興じなければ前へ進めない。よく笑い、しゃべり、ひとなつっこく応対する。サービス精神も旺盛だ。酒はよく飲むし、カードゲームも大好き。普段はお祈りをしている姿さえあまり見ない。

しかし自宅を開放して識字運動を行うほか、保健衛生やスポーツの普及と指導もしている。また少年少女を集めて青年団もつくっていた。一方で彼の奥さんは、裁縫や料理、手工芸などを指導する女性プログラムを実施している。

アジャさんに、なぜ牧師になったかと聞くと、町に出たい一心からだと言う。町の学校を出た後、農作業の待っている故郷の村にもどりたくなかったため、無料で生活できる神学校へ進学したのだ。動機は不純だったのだが、その過程で少数民族の置かれている状況に気づき、現在の活動を行い始めたという。

ただ州政府は、住人に立ち退き命令を出していた。郊外の丘陵地の森を切り開いて、そこに住宅地を造成し、移り住むように勧告していると聞いた。

この空中スラムで過ごした日々から十数年の年月が経った。村は移転したのか、今もあの暮らしは残されているのか。グーグルマップの衛星写真でかつて訪れた川筋を探してみたが、村らしきものは見つからなかった。

7 小笠原地下宮殿は骨に埋まる

小笠原諸島は憧れの地だった。初めてこの島について知ったのは、小学生時代に手に取ったマンガ雑誌『少年サンデー』のグラビアで紹介されたからだ。当時のマンガ雑誌は、マンガだけでなく読み物記事も多かった。今思えば、米軍に接収されていた小笠原諸島が一九六八年に日本に返還された記念の記事だったのだろう。

今でも覚えているのは、日本の領土（にもどってきた）にもかかわらず、そこに住むのはポリネシア系の人々ばかりであること、戦跡がむき出しで残っていること。そして母島は無人島になってジャングルに覆われていること……などだ。

いかにも少年誌らしく、無人島を探検する様子がカッコよく描かれていて、子供心に興奮したのである。その頃から一度は訪れたい島になった。

私が大学生四回生になった春、探検部で小笠原諸島の学術調査隊を結成した。小学生の頃の憧れを実行に移すときだ。日本人が島にもどり、開発も進んでいたが、日本本土とは違う世界である。

とくに主なターゲットとしたのは、まだ観光開発が進んでいない母島だ。母島も無人島ではなくなり、住人は三〇〇人ほどいた。

私にとって探検部の最後のプロジェクトになる。就活は無視していた。そこで綿密な小笠原諸島探検計画を作成した。

まずは事前調査だ。メンバーは八人集まったが、全員に「小笠原諸島について情報を集めること」と指令を出した。

「小笠原と名がつけば、とりあえずなんでも集めろ」と言ったら「礼法の小笠原流の看板持ってくる」という冗談のような話も出たほどだ。

「小笠原諸島という名は、小笠原家出身の小笠原貞頼なる者が発見した」という説がある（眉《まゆ》唾《つば》）から、それも面白いかもしれない。とはいえ、まず小笠原諸島の現状を知らないと、何を調査するのか、何を探検するのか決まらない。

単に図書館などで文献を漁るだけでなく、東京都小笠原村の関係者に手紙を送ったり、小笠原に関わる研究者に連絡を取るなど精力的に渉外を行った。

そして各自持ち寄った情報から、調査項目を絞っていく。まずは探検部お家芸の洞窟調査。これは父島南方の南島と、母島の石門《せきもん》地域に石灰岩地帯があることを確認したので実行することになった。南島は沈水カルスト地形に覆われていて、現在は入島制限されており、入れる地域も決められているそうだが、当時は島中を自由に歩き回れたのである。

そしてオガサワラオオコウモリの存在がクローズアップされた。翼を広げると三〇センチから大きなものは六〇センチにもなるという巨大コウモリだ。絶滅危惧種の指定を受け、国の天然記念物にもなっている。かつて群をなして空を飛んでいたらしいが、今や滅多に見かけないという。そう聞けば、なんとか目撃したいではないか。できれば母島にあるとされる彼らの巣を確認したい。

そのほか戦争中につくられた巨大地下壕の調査とか、絶滅した巨大有孔虫の化石（貨幣石）を探すとか、現在の住民から島の暮らしの歴史を聞き取りすることも上げられた。やはり父島より母島に重点を置く。より人の手が入っていないからだ。ほかに興味深い無人島も数多くあったが、初回はあきらめた。それでも手に余るほどのエリアとテーマだ。

建前はともかく、小笠原諸島を体感しまくる！　というのが最大の目的である。

実際に母島を訪れてみると、極めて素朴な土地であった。よろず屋的な商店が二軒あったが、どちらも週に一便の貨客船で運ばれてくる品を扱うだけだから、置いてある品は似たりよったりだ。食品の賞味期限も、あまり気にしていられない。

当時は、テレビはもちろん、ラジオの電波も届かなかった。持って行ったラジオには、グアムの放送が入った。ニュースは一週間遅れで届く新聞か、船のファックス通信からもたらされるものだけである。

たしか滞在中に「レーガン米大統領、暗殺未遂」というニュースがファックス通信で入ったことを覚えている。詳しいことはわからない。それだけだ。驚いたが、ここで何を考えるわけもないから、すぐ関心を失ってしまった。

私たちは、最大の目的地である母島の石門地区に向かった。ここは石灰岩によるカルスト地形なのだが、亜熱帯性ジャングルに覆われている。日本では珍しい植生だが、石灰岩地帯なら鍾乳洞窟があるはず、と睨んでいた。文献に洞窟の報告はなかったから、もし発見すれば新洞となることは間違いなかった。

母島に渡ってからは、地元の人に聞き込みをしていた。洞窟と聞けば、戦争中に掘られた塹壕を指すことが多いのだが、石門に天然の洞窟はないだろうか。

みんな知らないと言う。しかし、一人が「そう言えば……」と教えてくれた。石門ジャングルの中の、以前はノブタの棲んでいたところが大きな窪みだったというのだ。だから「ブタ穴」と呼んでいたという。そのノブタは、もう死んだそうである。ブタは駐留していたアメリカ軍が持ち込んで放したらしい。このブタ穴を当面の目標とした。

母島を縦断する道路を北上し、石門の入り口からわずかな踏み跡のような道を入っていく。この道は、これまでの学術調査や測量の際に使われたものであるらしい。

周りはまさにジャングルだ。昼なお暗く、あちこちに石灰岩の奇岩が林立し、巨大なクワの木もあった。本土とは違った森の景観だった。本土のカルスト地形は、草原になっていることが多いが、こちらは亜熱帯性の森に覆われている。

相当珍しい固有種の動植物、昆虫もいる。事実、我々は特別天然記念物のアカガシラカラスバトを目撃している。ほかにもオガサワラノスリやメグロなどの鳥類、オカヤドカリなど小笠原諸島の固有種をよく見かけた。

一方で巨大なカタツムリ・アフリカマイマイが至る所にいた。こいつは外来種で、小笠原の植物を食べ尽くす勢いで繁殖して問題になっていた。そこで我々はアフリカマイマイ料理に挑戦する。「オカサザエ」と名づけて食べたのだが……。その話は置いておこう（思い出すと気持ち悪いので）。

石門に分け入ってしばらく行くと、シマオオタニワタリという着生植物をいっぱいぶらさげた木の下に、ブタ穴はあった。

石灰岩の壁に開いたすり鉢状の穴だ。深さは二メートルくらいか。底は大小の落石で覆われている。ここにノブタが住んでいたのか。しかし、これでは洞窟というより単なる窪みだろう。

この穴の底に下りて調べると、あきらかにブタの下顎骨とわかる骨が見つかった。たしかにノブタは棲んでいて、ここで息絶えたのだろう。

ただ、底にわずかに三角形の穴が下向きに開いていることを確認する。一辺二〇センチくらいだが、その奥は暗くて深そうに思えた。よし、石をどけて広げよう。底を埋めている落石をみんなで運び出す作業を行った。

三角形をつくっている岩を手で持ち上げる。すると意外と簡単に周囲を広げられた。そして穴の底は広くなっていた。

三角穴部分は一辺五〇センチくらいになり、その下にフラスコ状に広がる地下空間が姿を現した。身体を滑り込ませて下に下りる。足がつかない。宙ぶらりんのまま、足を必死に動かして壁のでっぱりを見つける。結果的に落ちるように底に下りた。高さは二メートルぐらいはあったか。

そこは、巨石の隙間のような空間だった。

巨大洞窟「針天井の間」を探検する。
その足元には骨が……。

しかし、隙間はまだ下へと続いている。岩の重なった間を進めるのだ。小さな蛾がたくさん岩にたかっているのが気持ち悪い。

岩の隙間を縫うように進み下りて行くと、やがて巨大な空間に出た。ヘッドライトの光が届かない。

落ち着いて手持ちの強力なライトで照らすと、浮かび上がったのは、天井にびっしりと細い鍾乳石が張りついている光景だった。さらに洞床には、巨大な石柱が林立している。それが天井とつながっているところもあった。壮麗な宮殿を連想した。地下の大宮殿だ。

ついに巨大洞窟を発見したぞ。私たちは思いっきり興奮した。後に、私たちは洞窟名を「石門洞」、このホールを「針天井の間」と名づけた。

それからホール内を探索し、さらに下ると、「針天井の間」の真下に別のホールがあることも発見した。洞窟が二重構造になっているのだ。そして下のホールには地下水流があり、それが最後は滝になっているところに行き着いた。あちらこちらが鍾乳石の不思議な造形に埋めつくされていることに感嘆するのだが……。

ふと足元を見ると、洞窟の床に何か散らばっている。細い棒のようなもの。白い木片か……しゃがんでよく見ると、骨だった。骨だらけなのだ！

長いもので一〇センチくらい。小さなものなら数センチ、いやミリ単位の小さな骨片が辺り一面に散らばっている。

よく見ると、手足の骨のようだ。ほかにも細かく割れてどこの部分か想像もつかないような骨が地底の宮殿の床を埋めつくしていた。

中には、骨が石灰質に覆われているものもあった。半透明の石に閉じ込められた骨。一般に鍾乳石が成長するには、一センチ当たり数千年という年月が必要とされている。骨を覆うには一体何百、何千年かかっているのだろう。

骨に埋めつくされた地下宮殿。針天井の間の下に、累々と骨が積もっているのだ。

怖さはなかった。骨と言っても化石だ。それに人間のものではないのは確実である。

問題は、骨の正体だ。洞窟はほぼ閉鎖状態だったのに、どこから入ったのか。暗い洞内に入ったということは、コウモリ類だろうか。ただ本土の洞窟にいるコウモリは、みんな小さい。翼になる部分で、数センチだ。腕骨部分だけで一〇センチを超えるものがあることを考えると、全身はもっと大きいだろう。

ならば、幻のオガサワラオオコウモリ？　大きさは近い。

もし洞窟の骨がオオコウモリのものなら、彼らの墓場を見つけたことになる。大発見だ。

ただしオオコウモリは、目視飛行をするので昼間から夕方行動する。夜は飛ばないと聞いている。生息するのも森林内だ。それなのに洞窟にもぐり込むか？

もしかしてオオコウモリの生態上の新発見につながるかもしれない。もはやワクワクである。謎があればあるほど、興奮する。

その後、洞窟内の測量など調査を行うとともに、骨の一部を採取して持ち帰った。多くは四肢の骨だが、一部に頭骨や肋骨らしき部分も含まれていた。気をつけないと砕けてしまうが、貴重な資料だ。

持ち帰った骨は、コウモリの研究者のところに届けて鑑定をお願いした。結果は……残念ながらオオコウモリのような哺乳類ではなく、鳥類と判定された。その後、国立科学博物館で鑑定してもらったところ、おそらく大きさからオオミズナギドリなど海鳥類のものだとわかった。ミズナギドリの仲間は、暗がりの穴を巣としているのである。巣のつもりで洞窟に入り込み、奥へ進みすぎて出られなくなったのではないか。

骨の年代は、ほとんどが数千年を経ていると鑑定された。骨の量や、石灰石に覆われた状態の骨が多数あったことからも、大昔から

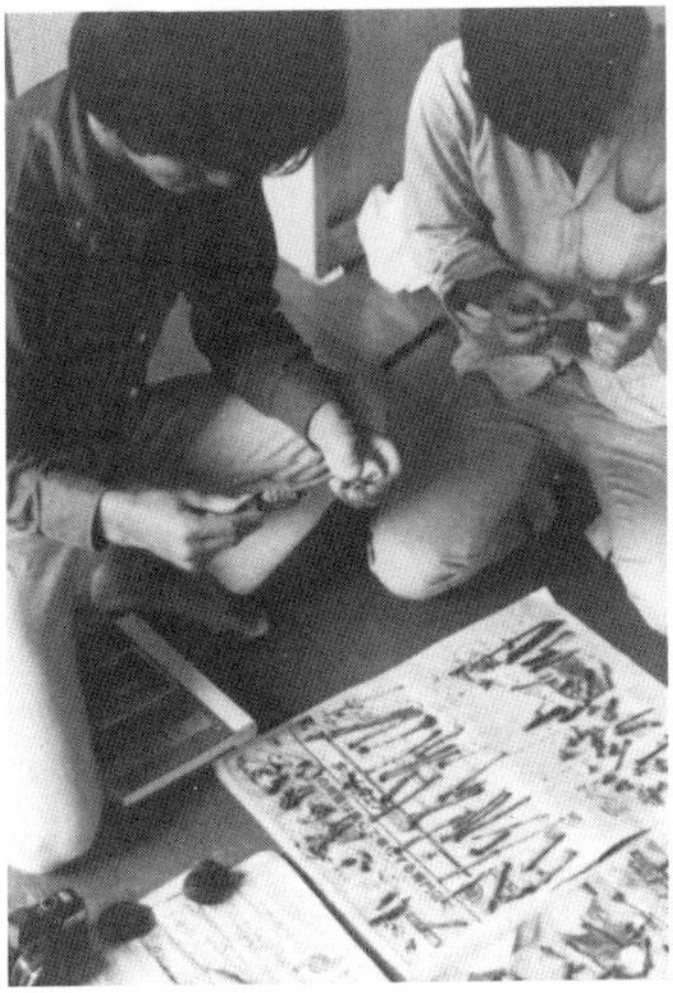

「針天井の間」の床に散らばっていた骨。
持ち帰って鑑定を依頼した。

の集積であることは間違いない。しかし、一組だけ数年前のものと判断される骨があった。つまり、つい最近もオオミズナギドリはこの洞窟に侵入したのだ。そして出られなくなった……。

ブタ穴にブタが住む前から鳥が洞内に出入りしていたのだろう。入り口も三角穴ほど狭くなかった時代もあったのかもしれない。

石門洞は、今では島の地図にも載っているらしい。我々の報告を読んで、ここを調べて論文を書いた学者もいると聞く。ただし一般の入洞は禁止になった。だが、何より母島で骨に埋もれる地下宮殿を発見したことは、私たちの記憶に刻まれている。

8 巨石文化の謎解きは天空にあり

古代の遺跡というのは、歴史ファンならずともワクワクドキドキするものだが、中でも巨石が絡んだ遺跡にはちょっと思い入れがある。子供の頃から古代の巨石文明の写真集や記事を読みふけっていたからだ。

巨石は、そこにあるだけで、人の心に何かを響かせて崇敬の念を抱かせる力があるように思う。それを建造物の素材とした遺跡ならば、より興味津々。

世界を見渡せば、エジプトなどのピラミッドに始まり、メソポタミアやギリシャ、ローマの巨大神殿や宮殿。アジアならモヘンジョ・ダロにアンコール・ワット、敦煌の石窟寺院。新大陸に渡れば、中米のマヤ文明にアステカ文明、そして南米のインカ……、いずれの遺跡も巨石が重要な役割を果たしている。サハラ砂漠のタッシリに残る岩面に刻まれた壁画だって夢とロマンを誘う。

単に石の遺跡に興味があるだけでなく、それを発見したり調査した話が面白い。ジャングルをかき分けて進むと石の神殿に遭遇する……そんな夢を見ていた。

幸いにも、それに近い思いを経験している。ソロモン諸島だ。

本書の冒頭で触れたが、私がソロモン諸島を訪れたのは、何も精霊に出会うためではない。洞窟調査もしたが、遺跡探しもテーマにしていた。さる文献にソロモンにも巨石の遺跡があると小さく載っていたからだ。

南太平洋には、わりと岩に絡んだ遺跡が多い。イースター島の巨石像モアイやポナペ島の石の人工島が有名だが、ハワイやグアム、フィジーやバヌアツなどにも岩面刻画や人工的な列石などが発見されている。

ソロモンのマライタ島の南岸部には、海に石を積み上げて築いた数百の人工島がある。私は、戦前、この地を探検したアメリカ人女性の紀行記（『ソロモンの花嫁』オーサ・ジョンソン著）でその存在を知り、最初のソロモン行でこの人工島を訪れたことがある。巨石ではないが一抱えもある石を浅瀬に積んで、海面から数メートルの高さの島を作っているのだ。さらに土を運び入れて地面をつくり、小屋を建てて住んでいる。中には数千坪の広さのある島も存在し、畑まであり、もはや人工島は一つの村となっていた。これだけの土木工事を行うには、それなりの技術力と労力が必要だ。住民は、この島々でせっせと貝貨《ばいか》をつくっていた。こちらで見てきたことも興味深いのだが……。

シンボ島では、北端の海岸沿いにあるタプライという村に岩に掘られた絵があると聞き出した。そこで、歩いて島を縦断して村を訪問したのである。

描かれるのは、村の伝説によると、シンボ島のオベという南部の地域が噴火した（今も蒸気を噴く火口と温泉の湖がある）ときの物語だそうだ。人々は逃げまどい、北へと向かったが、タプライで脱出用の筏をつくった。その様子を岩に刻んだという。

本当ならソロモンにとって貴重な遺跡だ。文字のない世界だっただけに歴史を裏づける証拠にもなる。私は岩に刻まれた歴史というロマンを確認したかったのだ。

それは村のすぐ裏手で、今は畑になった山の斜面の草むらにあった。長径五メートルくらいの楕円形をした岩だ。なぜかそれ一つだけ転がっている。明らかに安山岩だが、表面

タプライ村の巨石。村に伝わる伝説が刻まれている。
真ん中の横長の形がカヌーで、その下に意味不明の五重円がある。

はわりとつるつるだった。その岩の斜面の下側に、絵は彫られていた。

一見してカヌーとそれに乗り込もうとしている人の絵や、盾を持って戦っているように見える絵だ。ただ、意味不明の五重円とそれから伸びたヒゲの図案もあった。太陽だろうか。噴火の様子だろうか。しかし、位置的にカヌーの下に描かれている。

そのほか短い蛇のような絵があったり、いろいろな図形がある。解読するのは素人にはむずかしいが、そこに刻まれているのは謎とロマンだ。硬い安山岩に絵を刻むのはそう簡単ではないだろう。どんな思いで刻んだのだろうか。


巨石の不思議な魅力は、海外に行かなくても味わえる。

明日香村からさほど離れていない奈良県の山添村《やまぞえ》は、「巨石ミステリー」で売り出し中だ。ことの起こりは、福祉施設を建設するために山を造成したら、巨大な岩が姿を現したことだった。球状をしており、直径約七メートル、重さは推定六〇〇トン。

その岩を撤去するのは無理、ということで逆に「長寿岩」と名づけて鎮座させた。ところが、これを契機に村のそここで巨石が見つかり出したのだ。

二〇〇二年には「山添村いわくら文化研究会」が設立された。村内の巨石の在り処《あか》を探索し、巨石文化の存在を考えるというものだった。

こうなると、私もじっとしていられない。すぐに山添村を訪れた。

　長寿岩自体は、すでに名所になっている。なるほど、多少歪んでいるものの、ほぼ球形で、しかも子午線のような線が岩を一周するかのように伸びている。何か意味ありげだ。まるで地球とか太陽などの天体を示しているかのように思ってしまう。

　これは山の中から掘り出されたものだが、村内で発見されているほかの巨石は山林内にむき出しに鎮座している。苔むしたり、岩の上に木々が茂っているケースもあった。それがまた、雰囲気あるのだ。

　山添村には神野山《こうのやま》という火山性の山があるが、その頂上付近から山麓まで長さ約六〇〇メートル、幅二五メートルに渡って岩石に埋

奈良県山添村の長寿岩。福祉施設の前の広場に鎮座している。

めつくされた地形がある。鍋倉渓《なべくらけい》と呼ばれる浅い谷だ。周辺の地質は花崗岩だが、神野山だけ角閃斑糲岩《かくせんはんれいがん》という非常に硬い岩でできており、風化が進むとこの岩だけが残されて岩の川ができた、と説明されている。

ところが、これを地上の天の川（銀河）だ、と唱える人が現れた。鍋倉渓を天の川に比すと、天空の星々に相当する巨石が、村内各所に存在するという。これは古代人が巨石を人工的に配置したのではないか、そんな大事業を成し遂げた文化がこの地に存在したのではないか……。

「いや、私も信じていませんでしたよ。でも、天球図の星の位置と村の地図を重ねながら歩くと、星のあるところにぴったり巨石があるんだもの」

と案内してくれた研究会の人は語る。やけに嬉しそうだ。信じるかどうかはともかく、地上の岩を天空の星に見立てるロマンにうれしくて仕方のない様子。そして私も案内されるまま森の中を歩き、天空の星に相当する巨石を訪ね歩いたのである。

日本には、各地に巨石を古代の遺跡ではないかと唱えている地域がある。有名なのは、岐阜県下呂市の金山巨石群。隣の恵那市にも山岡巨石群がある。また、高知県の足摺岬近隣には足摺巨石群があり、唐人駄場《とうじんだば》と昔から呼ばれている。

私は機会を捉えて、これらの巨石群を訪ねて回った。そこには見上げるような巨石が森の中に林立して、ときに列石となっていた。

面白いのは、これらの巨石群に何らかの意味を求めて巨石文化を追う人々がいることである。そして、多くの人が天体との関連を語るのだ。岩や隙間の角度から夏至・冬至とのつながりを推測してみたり、石の配置と星座を重ねてみたり。宇宙人の来訪伝説も登場する。たしかに意味ありげな形や配置の巨石が多くあり、いわゆる正統派の考古学などとは一線を画してはいるが、古代文化の痕跡である、と主張されている。

一般的な歴史の表舞台には登場しない、これらの巨石のある地域に古代文化の存在を想定するのは興味深い。私も大好きなのだ。岩の存在に、宇宙の星が重要な役割を果たしたという設定も、結構そそるものがある。

しかし、地上の巨石と天空の星を結びつけるのは、日本人ならではの発想かも……と思っていた。

ところが、最近（二〇一六年五月）驚くべきニュースが飛び込んできた。カナダの一五歳の少年がメキシコのマヤ文明に興味を持って調べていく中で、「マヤ文明の古代都市が星座の並びを模して配置されている」ということに〝気づく〟のだ。

思いつきでグーグルマップにマヤの古代遺跡のある場所をプロットし、現地から見える星座を重ねてみた。すると一一七のマヤの都市が、実際の星の並びと一致したという。さらにマヤの星図では重要視されていた星に対応する都市がユカタン半島にあるはずなのに見つかっていないことに〝気づく〟。

そこでカナダ宇宙庁に報告し、人工衛星が撮影した画像を提供してもらい、拡大して確認したところ、一辺八六メートルのピラミッドと数十の家屋を確認できた……。これは未発見の遺跡だとカナダ宇宙庁が発表し、世界中に配信されたのである。

世界レベルで星の配置と古代遺跡（マヤ文明となれば、当然巨石が絡んでくる）の関連が証明されるとは。

と、私も驚いたのだが、その後すぐに否定するニュースが、また世界中を駆け巡る。

改めて指摘された土地の衛星写真をチェックすると、見つけたという場所には、トウモロコシ畑しかないという。だいたい星座を縮尺も方向も変えて地図に落とせば、ユカタン半島には無数のマヤ遺跡があるから、中には星座と合致するものもある、ガセネタだ、というのだ。

どちらが正しいとか、真相はどうだというつもりはない。ただ日本でもカナダでも、巨石文化と天空の星を対応させるという発想が登場していることに親近感が湧く。

もっともよく考えれば、山には巨石が無数にあって、地図上に落とし込めば何らかの星座の形になることは珍しくないのかもしれない。普通に考えれば、古代人が星座に合わせて巨石を移動させるのは極めて難しいだろう。

でも、夢があるじゃないか。日本で石の文化はあまり目立たない。しかし飛鳥には亀石や猿石、酒船石など多くの石の遺跡がある。古墳も小さな石積みではなく、たいてい巨石で築かれる。だから、日本にも巨石を崇める文化があったのだ。

そういえば、と思いついた。生駒山にも巨石はゴロゴロある。ならば巨石文化があったと唱えられるはず。星座の形に並んでいるかもしれない。それに山中の巨石を訪ねると、加工の跡があるものも散見する。ときに巨石の下に仏像が安置してあったり彫られていたりもする。かつて(今もか?)信仰があったことをうかがわせるのだ。岩を宗教的な崇敬対象にした磐座《いわくら》だろう。今風に言えば、パワースポットとしてこれらの岩を公表してみたらどうなるだろうか。

思わず、調べてみる(でっち上げる、と同義)かな、と考えてしまったのである。

9 深夜、テントをたたく音がする

森の中でテントを張ってキャンプしたことはあるだろうか。

キャンプ経験ぐらいなら誰でもある、珍しくないと思われるかもしれない。小学生の頃から林間学校などの学校行事や子供会、環境教育の一環……などで野外活動を行うことは増えているのだろう。

しかし、そうしたキャンプは、施設としてのキャンプ場で行うのが普通だ。中にはバンガローなどを利用するケースもあるだろうし、テントを張るのもテント専用サイトだったりする。最近では、テントサイトにＡＣ電源が付設されているのが当たり前だそうだ。当然、そうした場所は森を切り開いた空間だ。木々に包まれているわけではなく、周りに人工的な施設もあるだろう。つまり厳密な意味で「森の中」と言えるのかどうか。

私自身も、そんなに事情は変わらない。キャンプ場で過ごしたことは数えきれないが、それでは面白さが足りなかった。やはり完全な森の中、つまり木々の間にテントを張り、樹木の枝葉に覆われたような空間で野営することが醍醐味だ。

しょっちゅう海外の熱帯ジャングルに出かけるわけにはいかない。もっと簡単に、生駒山の中でテントを張って泊まって楽しむことにした。

私が所有する山林がある。と言っても極小の面積だが、そこにデッキを建設していて、テントを張る程度のスペースはある。仲間を集めて盛大なキャンプをしたこともあるが、ときに一人で過ごしてみる。

ある春の日、わざわざ一人で泊りに行った。夕方に着いて、先にテントを張る。二人用の小さなもので、実質的に私が中で寝転ぶと、満員だ。

焚き火をおこして肉を焼き、一人しみじみ酒を飲む。上を見上げても、大木の枝葉が茂っていて夜空を隠している。近くに人家もあるのだが、そこの灯火は樹木が遮断していて、私の意識からも外す。ああ、私は今、森の中にたった一人でたたずんでいるのだよ、という気分に浸る。これぞ、男のロマンだ。

とはいえ、そんなに長く焚き火を続けることもできない。揺れる炎を眺めているのは楽しいものだが、さすがに無言で何時間も、となると飽きてくる。考え事も堂々巡り。酔いも回るとすっかり眠くなる。

のろのろとテントの中に入った。寝袋にもぐり込み、ザックを枕にするとすぐに眠りに落ちた。

ふと、夜中に目が覚めた。飲みすぎで、尿意を催した？　いや、何か音がするのだ。

パサ。パサ。パサ。

軽い音だが、間断なく聞こえる。テントの布を触る音のようだ。

雨だろうか。今晩は晴れだったはずだが、天候が崩れたのか。音からすると、雨粒は小さいがかなりの頻度で降っているようだ。上は樹に覆われているから、雨が地面まで届きにくいはず。これほどの音がするということは、わりと雨足は強いのかもしれない。

テントの上にタープを張っていないから、雨が降れば雨粒はテントを直撃するのだ。濡れると、テントの撤収も大変になる。しかし、真夜中に逃げ出すわけにもいかない。

とりあえず、どれほど雨が降っているのか確認しようと思った。もし雨足が強まったら、テントに染みてくるかもしれない。そうなったら大変だ。

テントの入り口を開いて、手を伸ばしてみた。……何も当たらない。

顔を出して、外を見た。真っ暗なので何も見えない。そこで懐中電灯で照らしてみた。何も写らない。雨の降っている気配がないのだ。

とうとう上半身を外に出した。濡れない。テント地も触ってみたが、濡れていない。

止んだか？　ほんの少量の雨だったのか。

またテントの中に引っ込んだ。目をつぶって、再び眠りにつこうとした。

が、聞こえるのである。

パサ。パサ。パサ。

おいおい。

再び外に顔を出した。とうとう寝袋から身体を引き抜いてテントの外に出た。雨は降っていなかった。風も吹いていない。

じゃあ、何の音なのだ。

懐中電灯でテントをチェックした。濡れたり、水滴はついていなかった。ただ、縁の方に何か黒い小さな粒がいっぱい落ちている。

黒い雨……これが正体だろうか。しかし、何なのだ？

頭上で、何か衣擦《きぬず》れのような音がする。ザワザワという、音というか感触が伝わってくる。

その音の正体は何なのか。

もしかして？

一つ思いついたものがあった。でも、あんまり考えたくない。

またテントに入り寝袋にもぐり込む。とにかく寝るのだ。音のことは考えないでおこう。

翌朝、早く起きて、再びテントをチェックした。たしかに周辺に黒い粒が大量に落ちている。

直径は一ミリあるかないか。これがパサパサとテントを叩いた音の正体で間違いないだろう。

日の光の中で、その粒をよく観察した。黒いというより濃緑色かもしれない。指で摘《つま》むと柔らかい。

糞だ。そう確信した。虫の糞である。これが降っていたのだ。

夜、テントの上の木の葉をムシャムシャ食べた昆虫が、糞をしたに違いない。そういえば春先は毛虫の大発生の時期だ。テントサイトのすぐ近くにヤマザクラがあるが、そこには毎年毛虫がつくことを思い出した。

種類ははっきりしないが、マイマイガの幼虫が多い。サクラにはアメリカシロヒトリもつくし、マツカレハなども発生する。

以前、自宅の庭の毛虫退治をして全身かぶれたこともあって、毛虫は恐怖なのだ。

彼らは、深夜に木の葉を食べるのか。そして食べた分だけ糞をしているのだろう。それがテントをたたいて雨の音に聞こえるなんて。

糞の数からして、頭上に何百、いや何千匹もの毛虫がいたと思われる。深夜の暗闇の中で猛烈な食欲で葉をむさぼる彼らの姿が頭に浮かぶ。そして食べる端から糞を樹上から落とす様子を想像する。

そんな毛虫の大群を目にしたら、とても寝ていられない。だから、昨夜はそれ以上追求せずにさっさと眠ることにしたのである。

ただ改めて考えると、こうした昆虫が食べる植物の量がいかに莫大かということだ。毎日毎日食べ続けているのだから。そして食べた大半は糖分など栄養分を吸い取っては糞として排出する。それが地面に落ちれば、また土中の微生物に分解されて無機物に変わり土の栄養になるのだろう。

つまり森の物質循環に貢献しているわけだ。

いや、毛虫だって全部が全部、成虫の蝶や蛾に成長できるわけではない。むしろ大半が途中で鳥などに食べられてしまうだろう。

そうか。私は森の中でキャンプすることで、壮大な森林生態系の物質循環の現場に立ち合ったのだ。そう思って納得したのであった。

10 森の中、ラジオで怪談を聞いた

フリーライターとして独立して最初に入った仕事は、紀伊半島を車で一周しながら取材する内容だった。

執筆するのは観光ガイドブックなのだが、私が担当する地域は、できるだけ有名観光地でないところ。名所旧跡や観光施設の少ないところ。結果的に、山また山の紀伊半島になったわけだ。私自身が、ここを担当することを選択したのである。これは喜ばれた。ほかのライターの誰もが敬遠する地域だったからだ。

なぜならコストパフォーマンスが悪すぎるから。有名観光地なら名所旧跡だけでなく紹介すべきホテルやレストランなども近接していて、次々と回って行ける。ところが山村となると、一件ごとに車を何十分も走らさなければいけない。また日帰りできない距離のため、宿泊なども必要となる。通常のライターなら嫌がるだろう。

しかし、私は逆に賑やかな観光地は苦手だ。むしろ、あまり知られていない観光資源を紹介したいと思っていた。私は計画を練った。どのルートを通ってどこを訪れるか。その日はどこ

で宿泊するか……と綿密にスケジュールを立てた。取材対象も、あらかじめ目算を立てておかねばならない。

とはいえ、予定どおりに行くとは限らない。事前情報になかった面白い見どころや、知られていない店の存在を聞き出して訪ねたりするからだ。それでも臨機応変に判断しつつ取材旅行を続けた。林道を走ればサルの大群に囲まれたり、カモシカと遭遇したり……ということもあるが、ゆっくり観察する時間もない。

ただ山道を走るのは楽しかった。性に合っている。

三泊ぐらいして、取材も終盤にさしかかった。もうすぐ出発点の奈良の吉野にもどる。すでに日暮れになっていた。実は、今夜の泊まるところは予約していない。

ずっと旅をしているのだから、一泊ぐらいは野宿しようという気持ちがあったのだ。そのためのキャンプ道具も積み込んでいる。昼間はハードワークだから、毎晩テント泊で身体に疲れを残すと危険だと民宿などに宿泊していたが、最後の日は野宿したい。

もっとも山の中ならどこでもキャンプできるわけではない。車を泊める場所や、テントを張れる場所、水の確保など結構気を遣う。地元の人に怪しまれてもいけない。

幸い、吉野の山々はこれまで幾度となく訪れているから、キャンプできそうなポイントに心当たりがあった。だから、その日は日暮れになっても焦らなかった。

まず途中の商店で夕食になりそうなものを購入する。水もポリタンクに用意する。これで大丈夫だ。あとは人が滅多に来ることはない林道の奥に車を入れて、そこでテントを張ればいい。

が、想定外のことが起きた。天候が崩れたのだ。急に雨模様になった。困った。雨の中テントを張るのは嫌だし、そもそも快適ではない。かといって、今から宿を探すのも面倒だった。食事抜きで泊まるだけなら、どこかに奇特な宿があったかもしれないが、人里まで走らなくてはならず、夜もふける。

とりあえず車を止める場所を見つけた。だが、雨は強まるばかり。仕方ない。テントを張るのは諦めて、車中泊にするか。一晩くらいなら、座席を倒して寝てもいいだろう。

車の中で食事を済ませた。幸い煮炊きせずに食べられるものだったから問題なかった。お茶くらい温かいものを飲みたいと、ガスコンロでお湯を沸かす。車中は危険なので、ドアを半開きにして傘をかけ、そこにコンロをセットして湯を沸かした。雨はいよいよ強くなる中、なんとかお茶を飲んだ。やはりお腹を温めるとくつろげる。

しかし、周りは完全に暗闇だ。外灯は当然ないし、雨空だから月や星の光さえ無理。かといって車のライトをつけっぱなしにしてバッテリーが上がったら大変なことになる。ヘッドランプで本を読む気にもなれない。

結局、車の中で座って過ごすことになるのである。

退屈なのでカーラジオをつけた。山の中だから電波状態は悪い。なんとか、声の聴こえる周波数を探した。

明るいディスクジョッキー（当時は、そう言った。今ならパーソナリティか）の声が車内に響いた。それを聴いて時間を潰す。

番組は、ラジオドラマとなった。「このドラマは、視聴者から寄せられた体験談を元に構成しました」とナレーション。内容は、なんと怪談。視聴者から寄せられた体験談を元にドラマ仕立てにしたものである。

ストーリーは、大学時代の同級生が久々に集まって夏山登山に行ったという出だしで始まる。山小屋で一泊し、みんなで騒いで楽しんだ。ところが翌日下山し始めると、霧が出て周辺は真っ白になり、道がわからなくなってしまう。どうやら迷ったようだ。みんな焦っていたら、仲間の一人Y君が、「おれが道を探してくる」と言って、出かけた。

大丈夫かと心配したが、ほどなく正規の登山道を発見してもどってきた。おかげで全員が無事に下山できたのである。

ところが肝心のY君は、帰りの汽車の中で姿を消してしまった。車内をいくら探しても乗っていないのだ。乗り遅れたのか。

登山グループのリーダーは、気になって帰宅してからY君の家に電話してみた。

暗い声の家族が出た。なるべく明るく事情を説明してY君を呼んでもらった。が……。

「Yは死にました」

仰天して問い返すと、Yは会社の金を使い込んだのがバレて自殺したというのだ。それも数日前に。

しかし、それなら我々と一緒に登ったYは？　いや、道に迷ったときに率先して探しに行ってくれたのは誰なんだ。彼のおかげで我々は助かったのに。


こんなドラマだった。山の中の暗闇で聴くラジオドラマとしてはできすぎている。声だけだから、余計に想像が広がってしまう。

だが、私は筋金入りの霊感なしなのだ。幽霊話を聞いたからと言って、それでビビるほどヤワじゃない。なんか、面白いネタができた気分だった。

不思議なことに、このドラマが終わると、急に電波状態が悪くなってラジオが雑音ばかりになり聞こえなくなった。

そこでチューナーのつまみを回して、入る電波を探した。

ほどなく、別の局が入った。CMなどによると、どうやら九州の局らしい。聴き始めると、すぐ番組が切り替わった。「ラジオドラマの時間です……」。今度はどんなドラマかな。

そう思っていると、聴いたことのある音楽が流れて、「このドラマは、視聴者から寄せられた体験談を元に構成しました」とナレーション。

さきほどと同じ怪談が始まったのである。

しかし私は冷静だった。おそらくキー局の製作した番組を系列局でも流すのだろう。ただ時間差を設けた。そういえば、最初の局で聞いてからちょうど三〇分が経っている。

思わず二度目のドラマを聞いてしまった。演じる俳優も一緒。ストーリーも一緒。ちゃんと遭難して、ちゃんとY君が道を見つけてきて、ちゃんとY君は自殺していた。

終わると、さすがに嫌な気分になった。山の中で雨に降られて車に閉じ込められるように野宿しているのに、こんな怪談を二度も聞くなんて。

私は、ラジオを消した。

真っ暗闇である。ラジオの灯火さえなくなる。雨が車を叩く音だけが響く。すぐにヒマになった。何もせずに座っているだけなのだ。眠気もわかない。すると、妙に怪談の細かな部分が思い出されてしまう。

雨足はいよいよ強くなった。車の天井を強く叩き猛烈な騒音を奏でた。眠れない。

つい、ラジオのスイッチを押してしまった。また電波が乱れたのか、雑音ばかりだ。チューナーを回す。不意に雑音が消えてどこかの放送局につながった。

始まったのは、おどろおどろしい音楽。そして「ラジオドラマの時間です」。

「このドラマは、視聴者から寄せられた体験談を元に構成しました」とナレーション。同じ怪談ドラマが始まった。

一晩で三回。同じ怪談を連続して聞いたのである。

さすがに寝苦しくて寝苦しくて……。

第二部

遭難から見えてくる森の正体

❶ 切株の年輪から方位を読み取れ！

子供の頃から、「冒険」「探検」「登山」に関する本をよく読んだ。

実際にアジアやアフリカ、中南米のジャングル、沙漠、極地や高山、海洋までの探検記や冒険ノンフィクションのほか、『ロビンソン・クルーソー』や『十五少年漂流記』のような無人島ものの小説に夢中になった。無人島で暮らす（サバイバルする）というのは、やはり〝男のロマン〟なのだ。

一方で「冒険の教科書」もたくさん読んだ。実際に野外活動するための技術指南書である。今風に言えばアウトドアやサバイバルのハウツウ本だ。

項目は「火をおこす」「水を得る」「獲る」「食べる」「寝る」「歩く」……と多岐にわたっている。もし自分が無人島に一人で暮らすことになったら、というのは、この頃の空想の定番だった。生きて行くには何が必要か？ ナイフの使い方に始まって、「火をおこす」「寝るところをつくる」「道なき森の中を進む方法」などのノウハウを覚えておかねばならない。そのための指南書を愛読した。

その中で、山で道に迷ったときに方角を知る方法について記した項目はとくに気になった。私が無人島に流れ着く確率は限りなく低いが、森で道を失って人里に出られなくなる可能性はなくはない。その場合にいかに対応するか、生き延びる方法をしっかり知っておく必要があった（と、子供心に考えた）。

そこで重要なのは、自分の現在位置を知ること。そのために最初に必要なのは方角を知ることである。仮に地図を持っていても、方角を知ったうえで地形を読み、地図に当てはめなければ現在位置は推定できないのだ。自分が今どこにいるのかわからない状態では、地図があっても宝の持ち腐れになる。

そうした指南書によく登場したのが、「切株の年輪を見て方向を知る」という〝智恵〟である。

切株の年輪を見ると、必ずしも同真円状にはなっていない。たいてい一方に傾いて楕円形になっているものだ。この年輪幅が開いている方向が南である、というのだ。

その理由は、幹の南側は光がよく当たるため生長がよいから。逆に北方向は光が弱いため生長が遅くなる。だから年輪が偏るのだという……。

それを読んだ私は、試したくて仕方なかった。年輪で方角がわかるなら、コンパスがなくてもいいのではないか。

が、現実の山に行くと重大な問題が潜んでいた。身近な山に登っても、なかなか切株は見つからないのである。そもそも道に迷ったときに切株が見つかる確率が低いことに気づいた。だいたい切株があるということは、人がそこに来たことになるが、それならたいてい道があるはずだから森から脱出しやすいだろう。方向を知るためにわざわざ木を伐採するか。しかしノコギリを持参していなければ難しい。ナイフで太い木は伐れないし、伐っても切株はギザギザで細かな年輪は読み取れないだろう。

それでもチャンスは訪れた。たしかボーイスカウトの団体で登山したときだったと記憶しているが、休憩場所の近くの山の斜面に切株がいっぱいあったのだ。しかも、そのとき私はコンパスを持参していた！

さっそく切株を見た。年輪がある。幹そのものはだいたい真円だが、年輪の中心は切株のど真ん中から少しずれたところにある。そして年輪は楕円形に広がっていた。幅が広い方が南……コンパスを見る。全然違った。

コンパスが狂っている？　ほかの年輪を見た。みんなバラバラだ。幅広方向が一定していないし、いずれも南ではなかった。これでは切株を頼りに方向を推定したら（できるだろうか）、逆に道に迷うではないか。私は困惑してしまった。

その後も、切株を見つけるたびに年輪を見た。しかし、そのうち断面に年輪そのものが確認できない木もあることに気づいた。一年に一本、同心円状にできる年輪がないのだ。これでは方向を読み取るどころではない。「冒険の教科書」を信じちゃいけない、と子供心に悟った瞬間だった。

今なら「年輪で方角を知る」ことは不可能というより、非科学的だとわかっている。

年輪とは、一年ごとに育つ木質部分が線となって輪になるもの……と思っている。だが、肝心の輪が肉眼では見えない木が意外と少なくなかった。熱帯の木材は、四季がないから年輪がない、と書いている本もあったが、春夏秋冬のある日本にも年輪を目にできない樹木は結構ある。たとえばサクラやブナなど広葉樹では、年輪がはっきり確認できない樹種が多いはずだ。なぜなら広葉樹と針葉樹など、樹種によって細胞の種類が違い、形や構造や生長する部分などが違う。だから、どんな木でも同じような年輪ができるとは限らない。

また年輪の見える木でも、幹に当たる光の量で生長の差は生まれない。年輪幅がばらつくのは、木の立つ位置が斜面だったり、太い枝が一方向ばかりに伸びたりして、木の重心が偏るからだ。たとえば針葉樹は、傾いた方向に重みがかかるとより盛んに生長して目が広くなる。広葉樹は逆に重心のかからない側が生長しやすくなり、年輪幅が開く。

こんな樹木学的なことを考えなくても、「年輪で方角はわからない」と知っておけばよい。方角を確認したければ、太陽の位置と時間から推測した方がよい。いや、コンパスに頼るのが確実だろう。もっとも今は、スマホで方位どころか地図まで見られるが。

それにしても、この手のアウトドア教本には、嘘が多い。嘘と言って悪ければ、現実に実行する難しさを執筆者はわかっているのか。

たとえば焚き火のおこし方も、よくある木の棒を錐揉みして火をおこすのはまず無理。少なくても現代人には相当な修業が必要だろう。またマッチがあっても、上手く枯葉・枯枝を燃やすのは意外と難しい。薪のくべ方にも疑問がある。

以前、林業家が森の中で焚き火をおこすのを観察したことがある。ライターを使うのはわかってる。しかし、火つきに使える紙類はないから、どうするのだろうと思った。落葉を集めるのか。周辺にはスギの葉がたくさん落ちている。これは燃えやすいが、残念ながら昨日の雨で濡れている。

林業家は、枯枝を集め、無造作にチェンソーの燃料（混合ガソリン）を振りかけた。そしてイッパツで点火した。その手があったか……。（後に燃料などを使わずに、本当に落葉だけで火をつける技も見せていただいた。できなくはないのである。）

しかし本には、雨の日に焚き火をする場合は生木の方が燃えるとか、川の水を濾過する方法とかいったサバイバル技術が満載だ。どれも眉唾だと思う。

生木は絶対に燃えにくい。たまに油分をたっぷり含んで火つきのよい木もあるが、そんなに都合よく見つけられない。泥水を漉すための漉し器の作り方として、「砂と小石とシュロの木の繊維をタンクに敷きつめて」などとあるが、水のない緊急事態にそんな道具類を用意するのは無理だろう。

それに沢の水は、漉してもできれば飲まない方がよい。いくら透明になっても、沢の水には、野生動物の糞が溶け込んで病原菌を含む確率が高いからである。生で飲むなら、地中から湧き出る泉のほうが安心できるだろう。

そんな手間をかけるよりも、漂白剤を小瓶に入れて持って行くのが楽だと思う。漂白剤とは次亜塩素酸ナトリウムが主成分で、これはいわゆるカルキだ。水の消毒に使える。それも、価格の安い漂白剤がお勧めだ。キッチン用とか洗濯用など用途を分けているものは、余計な成分が混ぜてあるからよろしくない。あくまで塩素殺菌が目的なのだから。

水筒に沢の水を入れて、漂白剤を数滴垂らして、よく振る。そして数分置けば、とりあえず殺菌効果は出るだろう。もちろん完全ではないし、泥の粒子などは除けない。

この手の教本は読み物であって、実行することを前提としていないと思える。

とはいえ、お世話になる点もあった。とりあえず山の中で迷ったら、谷を下りず尾根に登れ、というノウハウは正しい。谷に入り込むと見通しが効かなく、余計に方向がわからなくなるが、尾根にはよく登山道が通っている。

持っていくと便利な道具も教わった。意外や、たわしが長期の旅で非常に役に立つこともある。洗濯に使うだけでなく、全身を蚊に刺された際に、たわしで擦ると気持ちよいのである。こんな使い方は正しいのかどうか……。

これらの本を今頃開くと、少年時代に私が取ったメモが見つかったりする。なんとなく、恥ずかしい。

2 人語の響く里山で遭難する

高校時代の漢文の教科書に、王維《おうい》の「鹿柴《ろくさい》」という漢詩が載っていた。私はわりと好きで、一時期そらんじていた。

空山不見人
但聞人語響
返景入深林
復照青苔上

改めて調べると、王維は唐時代の詩人だった。李白《りはく》や杜甫《とほ》とほぼ同じ時代を生きたのである。
高校時代に習ったこの漢詩の読み下し文は……。

空山、人を見ず

ただ人語の響あり
返景、深林に入り
また照らす、青苔の上

ひっそりと静まり返った山に人影はまったくない。ただ遠くから人の話し声だけが響いてきて、夕日の照り返しが森の奥の苔を青々と照らしている……といった解釈だったと思う。

山の静けさを詠っているのだろう。まったく音がしない状況より、遠くでかすかに人の声が聞こえる方が静けさを強調し、不思議さを超えた寂しさというか、広大な空間を感じさせるようだ。

人の姿はないのに声が聞こえてくる叙情というか、不思議な感覚を自らの心情に投影しているようだが、そうした経験は私もよくしている。森の中で、意外なほど遠くの声が聞こえることがあるのだ。

どうやら地形によっては、声が山襞《やまひだ》に反射して遠くまで届くポイントがあるらしい。とくに曇の日は雲に反射するのかよく聴こえる。

実は、我が家の裏山でも起こるのである。それも森の奥に入ったときほど、何かの拍子に響いてくる。私はよく道から外れて森の中に分け入るが、当然人の気配はない。それでも森の中を進んでいくと、不意に人の声が聴こえてくることがある。

不思議な感覚だ。自分は森深く入ったつもりなのに、人の声がするのだから。近くに私と同じように道なき道を進む人がいるのか、と立ち止まることもある。

意外なほど声は鮮明だ。騒いでいるのか、子供の声がきゃあきゃあと響くこともある。学校の校内放送のときもある。「○組の生徒は、すぐに運動場に出なさい」とか「下校時間です。気をつけて帰りましょう」とか。

思えば近隣に小学校や保育園などもあり、ニュータウンには児童遊園もたくさん設けられている。子供の甲高い声は山襞などに反射して遠くまで伝わるのだろう。

あるとき、新興住宅地の間の森を横断してみようと思い立った。各地で住宅地が森を侵食しているが、それらはバラバラに開発されるため、その間に虫食い状態の森が残されている。だから森の幅は、せいぜい一キロぐらいのはずだ。地形的にも比較的平坦である。まっすぐ進めば、すぐに抜けられるはずだ。

森に分け入った。

地形が平坦だと見晴らしは悪い。それが方向を失う元でもあるのだが、今回は落葉樹が多い森で、季節は冬だったため葉が落ちている。そのため比較的遠くまで見えた。

そこで林内をのんびり進む。地表に草は少なく歩きやすかった。

発見も多い。意外なところに溜め池があったり、そこから流れるせせらぎもあった。ゴミはない。人が入っていない証拠だろう。ゴミの存在は人の気配を感じさせるから、それがないと大自然の奥深くに分け入った気分になれる。

ただ、風に乗るように人の声が聞こえる。おそらく住宅地内の小学校からだろう。子供の騒ぐ声が山に反射して増幅されるのか、意外なほど明瞭に響いてくるのである。これこそ「人語の響あり」だ。

そのうち森を抜けると思った。声があまりに明瞭だったので、森の終わりは近いと思ったのである。

しかし、その気配はなかった。足跡や踏み跡もない。森は続く。

やがて倒木が目立ち始めた。木が風などでなぎ倒されてそのまま朽ちている。細い木々や草が茂りだし、ブッシュになっている。これはかき分けて進まないといけないので、結構大変だ。なに、私の抜群の方向感覚からすれば、心配ないはずだ。ひたすら真っ直ぐ歩けばいいのだ。迷ってウロウロ進む方向を変えると本当に遭難する。一定方向に進めば、必ず森から出られる。住宅街にぶつかると確信していた。

徐々に地形は複雑になってきた。平坦な森だったはずなのに、急斜面があった。それが渓谷になった。岩がゴロゴロして、垂直の壁。高さ五メートルを越えるのではないか。なだらかな丘陵地だと思っていたのに……。

落ちたら、確実に大怪我、下手すると命に関わる。谷底は沢となり水が流れている。水量はわずかだが、不用意に下りると濡れるだろう。しかし、ここを避けたら横断できない。迂回して谷を下り、沢を渡り、また登る。ようやく尾根に達したら……また急傾斜で下っていて谷になっていた。

ほんの小さな地域で、地図上は平坦でのっぺりした地形だったのに、内部にこれほどの谷と尾根が襞のように繰り返し現れるとは思わなかった。

斜面を登る途中で滑り落ちた。沢に足を突っ込んだ。一瞬、悲鳴が口を突いた。足元は濡れて泥だらけになった。

遭難……という文字が脳裏に浮かんだ。

低い山でも沢の周辺は険しいし、落ちて大怪我でもしたら動けなくなるだろう。しかも周囲はイノシシの足跡がいっぱい。いくら直線距離で数百メートルのところにニュータウンがあっても、そこまでたどりつけないと命の危険にさらされる。山をなめてはイカン。恐るべし里山。

恐るべし生駒山。

と、そこに携帯のメール受信音が。

娘からだった。「帰りにキャベツ買ってきて」

無視した。今は、この山から脱出することに全力を尽くさねば……。

またメールが。「タマネギと牛乳も買ってきて」

キレかかる。

こんな森の奥に入っているのに、携帯電話の電波は届くのだ。現代的な「人語の響」とは、メールの受信音か。

日が暮れ出した。暗がりになれば森の中を歩けないぞ。

必死に進むと、土地の境界線の杭を見つけた。ここに人が入っている証拠だ。草に覆われているが、道の痕跡がある。それをたどっていく。

ついに建物が見えた。

なんとか、森を抜けた。そこは新興住宅街の片隅だった。

そこでスマホを取り出し、グーグルマップで現在位置を確認した。

見事だ。私が事前に想定した到達地点とほぼ同じ場所に出ていた。やっぱり私の方向感覚はすごい、あれほどの複雑な地形の中を彷徨《さまよ》ったのに狂わず真っ直ぐ進めた、と自信を深めたのである。

もちろん、帰り道にスーパーマーケットに寄って、キャベツとタマネギと牛乳を買ったのは言うまでもない。

3 人の道から外れて獣道をたどる

私はよく生駒山を散策するが、その理由に自然を観察するためとか、体力をつけるためなど立派な目的はない。何より気分転換だ。

実は一日のうち、多くの時間は、自宅でパソコンに向かっている。もちろん仕事のためである。窓の外は明るい陽差しに包まれているのに、自分が部屋にこもっていると、ほとほと嫌になる。人生を無駄遣いしているような気分になる。さっさとパソコンを閉じて外を歩きたい気分（まさに、今がそう）。

そこで早々に仕事を打ち切り、出かける先の多くが裏山の森になるわけだ。

ただ、同じ道ばかりだと飽きる。それに他人と出会うのが苦手だ。

これは私の個人的な思いなのだが、森の中を歩いているときに他人とは会いたくない。会っても、軽く挨拶してすれ違う、あるいは追い抜くだけなのだが、それでも急に気分が乱れる。考え事をしていたはずなのに、心乱れて今何を考えていたかわからなくなる。以前、人気の少ない遊歩道を歩いていると、その前に高校生のカップルが手をつないで歩いているのに出くわして、非常に気分を害したこともある。

だから、なるべく他人が来ないような道を選ぶようになった。主要な遊歩道から外れた忘れられたようなコースが生駒山には結構ある。中には手入れされず廃道に近いものも少なくないし、道というより別の目的（たとえば土地境界線の測量や送電線の保守管理などだろう）のために草をなぎ払って通れるようにした踏み分け痕もある。そんなところに私は入り込むのだ。

そのうち前方に人影が見えると、すぐ横の藪に入ってしまう癖がついた。隠れるわけではなく、接触を避けるためだ。ただ問題は、最初こそ踏み分け痕があったのに、いつしか消えてしまうことも少なくないことだ。そうなると自然と藪をかき分けて進むことになってしまう。

藪の中といっても、やはり進みやすい場所を選ぶ。一見、低木や草に覆われているように見えても、わずかに草や木の枝が一方に寄せられていたり、足元に通りやすい軌跡を見つける。そんな森の隙間のようなコースがあるのだ。それはたいてい獣の道である。おかげで人の道を外れて、獣道に入ってしまうのである。

生駒山の場合は、イノシシのほかタヌキやノウサギ、イタチ……の獣道が多い。足跡や糞などもよく見かける。そんな獣道の中でも、人が通るのに比較的適しているのは、やはり身体の大きなイノシシのものだろう。

遭難の体験談には獣道を間違えて進んでしまったケースが多いのだが、私の場合は自覚しつつ獣道を選んでいる。獣道は、少なくてもその動物がそこを通ってどこかに抜けたわけだ。つまり行き止まりはないのだ。地形も比較的通りやすいところを選んでいる。その意味で、獣道も立派な通路だ……と私は考えている。

なお勘違いしないでいただきたいのだが、どこの山でもそんな真似をしているわけではない。あくまで生駒山、とくに我が家周辺の地域だけである。この辺りは地形を熟知し、どこにどんな道が伸びているかも頭の中にインプットされている。だから道なき道を進んでも、方向を読むことでどこに出るか脳内地図が描けるのである。実際、出た場所が予想と大きくずれることは滅多にない。

生駒山以外、あるいは生駒山でも知らない地域では、絶対にそんな危ないことはしない。人の道を外れてはいけないのである。

ただ、痛い目にあったこともある。某地点からハイキング道を外れて山を下ったのだが、最初は誰か切り開いた跡があった。ところどころ切株も見かけたのだ。しかし、すぐに痕跡は消えた。

幸い、森は比較的透《す》いていた。草が密生していなければ、木々の間を抜けていくのは容易だ。私の脳内地図には、ここを下り切ると人のあまり通らない道があり、それを超えると棚田地帯に出ることが描かれていた。そこまで森を突破すればよい。

やはり頼るのは獣道だ。イノシシが縦横に走り回った跡が読み取れる。きっとイノシシも下の道に出たのではないか。さらに棚田に侵入して作物を餌にしたのではないか。

イノシシの足跡やぬた場（地面をかき回して泥のプールをつくった場所）を確認しながら進む。いつしか水が湧いて斜面を流れ落ちていた。

そこには赤い花びらが点々と落ちていた。サザンカだろう。この山は、サザンカが多くある。ちょうど花期の終わりなので散り始めたのか。人知れず咲くサザンカの花。この花を見た人は、おそらく私だけだろう。そう思うと、ちょっと嬉しい。

地形が急な斜面からなだらかになりつつあった。各所から湧き出た水が集まり沢になっていた。沢の向こう岸はササが密生したブッシュになっていた。

さすがに進めないかと思ったが、ササの低い位置に空洞が空いていた。獣道だ。おそらくイノシシがササをかき分けて進んだことで痕が残ったのだろう。

ならば私も行ってみるか。ただし、イノシシの背は低いので、この獣道も低い。そこを進むために、私は這うことになった。ほとんど四つん這いになって進んだ。

数メートル進んだときだった。奥から、唸り声がした。

ササがガサガサ動く。イノシシだ。姿は見えぬが、イノシシが奥にいるのだ……。

四つん這いの姿でイノシシに出会いたくない。もし突進されたら大怪我する。しかも、こんな場所では誰も助けに来てくれない。

とっさに大声を上げた。唸った。私もイノシシに負けないように。

また藪が動いた。

恐怖で背中がこそばゆくなった。

しばらくじっとしていると、前方の気配は消えた。おそらく逃げたのだろう。勝った。いや、助かった。

私はこのまま進むのを諦めて、沢までもどった。そして沢をたどって下ることにした。この沢の岸にもイノシシの足跡はあった。

幸い沢をしばらく進むと、またサザンカの花びらが一面に落ちているところに出て、近くに溜め池があった。そして道に出た。獣道から外れて人の道にもどれたのである。

遭難終了。ほっとした。やはりイノシシとの遭遇は怖い。

この道がどこに出るかはわかっている。すぐに帰れるだろう。

何気なく、手を腰の携帯電話に伸ばした。

あれ？　ない。ない！

スマホがない。落としたのか。どこで？

あの、藪を這って進んだときだろうか。イノシシと向き合ったときか。

もう一度沢を遡って、あのブッシュまで戻る。イノシシの恐怖なんぞ吹き飛んで、ブッシュをかき分ける。

おおい、スマホよ……。

しかし、見つからなかった。スマホを紛失したのである。

翌日、全コースをもう一度歩いた。今度は、昨日の自分の足跡を追う。イノシシの足跡ではなく、自分の足跡を探して進むのだ。たしかにここを通った。ここに滑った跡がある、ここに手をかけた、ここで小枝を折った、と痕跡を発見。

なんかハンターみたいな気分になる。が、本当に追いたい〝獲物〟であるスマホは、まったく痕跡を見つけられず。家族に借りてきた携帯電話で呼び出し音を鳴らしても、どこからも聞こえない。(スマホは)完全に遭難したのである。

これが、森歩きで体験した最大の痛い目であった。

4 樹海・青木ヶ原は本当に怖い

富士山麓の山梨県側に広がる青木ヶ原と言えば、一般に樹海と呼ばれる森だ。

青木ヶ原そのものは、富士山が八六四年に噴火したときに流れ出た溶岩が堆積した台地である。その上にびっしりと樹々が茂っている。日本では森と言えば山を想像するが、ここは比較的平坦な地形の森だから、樹海と呼ぶのだろう。

ただ樹海という響きに比して、森としては若い。大木も少ない。背丈は、たいていは数メートル。高くても一〇メートル前後か。樹齢も、大木でせいぜい一〇〇年ぐらいしか経っていないのではないか。

千年以上前の噴火の際に流れ出た溶岩の上に地衣類《ちいるい》やコケの類が生えて、それらが枯れたり岩が風化したりして土壌をつくり、その上に草が生えて、やがて樹木の種子が飛んできて根つき……という植生の遷移《せんい》の過程を踏んで森林が成立するには、長い時間がかかる。青木ヶ原は、その点ヒヨッコなのだろう。

樹木の背丈が低いので、あんまり暗い森にもならない。ただ低い木々が茂ってブッシュになっているから、見通しが効かない。台地状で高低差が少ないため見晴らしのよいところもない。また溶岩は水を染み込ませるので、川も池もない。

この森に入ると磁石が狂い、一度入ったら出られないという噂が絶えない。よく遺体が発見されたというニュースも入ってくる。

この噂にはちょっと勘違いがある。樹海で人が死ぬのは、迷って森から出られないからではない。遺体のほぼ全員が自殺者だとされている。最初から森を出るつもりのない人々なのだ。そして、行き倒れるというより、首吊りや薬で命を絶つことが多い。

一般に言われるような「磁石が効かない」というのもほぼ間違い。

磁性を帯びた溶岩がコンパスを狂わせ、方向がわからなくなるというのだが、実際はほとんどのところで効く。幾つかの地点には、たしかに磁性を帯びた溶岩もあるが、そんなに強い磁力ではない。だから岩の上にコンパスを置かないかぎり狂わない。普通に立った人が胸の高さで計測するのであれば狂うことはないはずだ。

さらに登山道や農道、車道もアチコチに走っている。道のない部分に踏み込んでも、まっすぐ歩き続ければ、どこかの道に出るだろう。樹海で迷って、そのまま行き倒れる可能性はかなり低い。

私の大学の先輩は、青木ヶ原を横断中、首を吊った自殺遺体に出くわしたそうだ。その顛末を聞くとやっぱり気持ちはよくないが、肝心の場所はそんなに森の奥ではなく、道路に比較的近い場所だったという。

私はこの樹海を、学生時代を中心に何十回と訪れている。主に探検部としての活動だが、樹海そのものが目的というより、樹海の中にある溶岩洞窟にもぐることが目当てだった。しかし、行けば樹海の中でキャンプを張って何泊かする。

おかげで、さまざまな体験もした。迷ったこともある。ときに迷った気分を味わおうと森に入って、本当に迷ったこともある。

大学の探検部に入部してすぐの頃だった。青木ヶ原を訪れることになって、最初は「これが噂の……」とちょっと興奮した。

もっとも、実際に歩いたのはしっかりした登山道。そこをたどるかぎりは、普通の山歩きと変わらない。

休憩時に、わざと道から逸《そ》れてみた。樹海の気分を味わってみたかったのである。と言っても道から少しブッシュに分け入って、多分二〇メートルも進んでいないと思う。そこで周りを見回すと、たしかに回りは緑一色。何も人工物は見えない。おおお、これが樹海か。森で迷うとはこんな気分なのか……。

それで満足して、再び来た方向にもどった。二〇メートル歩けば、元の道に出る……。が、出なかったのである。道がない。さらに進むと、より森の奥に進んだ雰囲気だ。

方向を変えて進むと、いよいよ見慣れぬ風景。

そのとき、先輩の声が聞こえた。私の記憶と違った方向だ。

そちらにしゃにむに藪をかき分けて進む。

道に出た。休憩が終わって先輩は、出発するぞ、と言う。私が迷ってアタフタしたことさえ気づいていない様子だ。私も平静を装ってザックを担いで歩き出したが、実のところ冷や汗をかいていた。


だが、本当に樹海の怖さを知ったのは、もっと後である。

樹海を横断する計画を立てたのだ。それも、途中で登山道などを横切らないルートを選定して、横断を企てた。完全に樹海を味わおうというものだ。その年の夏にボルネオに行く計画があり、熱帯のジャングルに分け入る予行演習の意味もあった。

先頭には新人を指名した。新人の訓練も兼ねている。彼は、よたよたと青木ヶ原に踏み込んだ。新人は地図とコンパスで予定していたコースを探す。うるさい上級生が後ろから、ああだこうだと口を出す。

樹海は、前方が見えにくく平坦ゆえ地形も読み取れない。だから地図で十分に現在位置を確認できない。ともかくコンパスで進む方向を決めて、いかに外れないように進むか、現在位置を推定するか、というのが課題だった。

地面は溶岩のゴツゴツした岩が重なっている。盛り上がったり深い亀裂が入っていたり、噴火口らしきすり鉢状の穴も点在する。足元も小さな穴が多いし、溶岩はとがった岩肌をしている。そこにコケが厚く繁茂し、不用意に歩くとつまづいたりして滑りやすい。コケや落葉に隠された穴に足を突っ込めば骨折する心配もある。それだけに歩きにくく方向感覚を失いがちだ。

木々にはテープが巻いていたりもする。これは、自殺者の遺体回収に入った捜索隊の残したものだろう。ここで遺体と出くわしたら、結構ハードな経験になるのだが。幸いにして見つからなかった。ただ習志野空挺師団の標識を見つけた。ここで自衛隊も訓練しているのだ。

日が暮れ始めたので、野営の準備をした。訓練ゆえ、大きなテントは持ち込まず、個人用の小さなテントに分散する。食事もレトルト食品など簡便なもので済ませた。

つい新人相手に怪談を繰り広げて盛り上がる。先輩直伝の青木ヶ原で自殺遺体を発見した話とか、洞窟内で天井が崩れて生き埋めになった話とか。

さて、寝ようと思ったら、遠吠えが響いた。オオカミ？　いや犬か。

実は、富士山麓は捨て犬が多い。狩猟犬もいる。飼い主とはぐれたのか捨てられたのかわからないが、やがて野生化し、ときに二世を生み、かなりの数のノイヌ（野生化したイヌ）がいると聞いていた。そして集団で狩りをするのだそうで、ウサギやシカなどが獲物だ。牧場の子ウシや子ウマを襲うこともあるという。

野生化してオオカミのごとく狩りをするようになったのか。しかし、樹海の中で狙うのは何か？　……人間も餌の対象になるのか？

気がつくと、キャンプ地の四方八方から犬の吠える声が聞こえた。何匹、いや何十匹いるんだ？　ここを狙っているのか？

「囲まれた！」

一人のこの言葉で、いきなり恐怖にかられた。おい、みんな武装しろ。ナイフを手元に。こん棒を用意するもの。灯はどうする。焚き火はできない。ライトでは長持ちしない。

まんじりともしないまま、深夜まで過ごした。ようやく鳴き声はおさまった。しかし、テントの中でも武器を枕元に置いて、朝を待ったのである。

やっぱり樹海は怖かった。

5 リゾートホテルには雨中行軍で

ボルネオ奥地のグヌン・ムル国立公園（サラワク州）に、豪華なリゾートホテルが建設されると聞いた。ムルは世界屈指の大洞窟がいくつもあり、世界遺産にも指定された。今後観光客も増えるだろうから　リゾートホテルを開くことになったのだろう。当時運営を手がけたのは日本のロイヤルホテルグループだった。

このリゾートホテルは、現在の「ロイヤルムル・リゾート」である。世界中から観光客を集めているから知っている人も少なくないだろう。

私は、完成前にこのホテルを訪れている。実はホテルの建設時の支配人と大阪で知り合い、招待されたのだ。当時、ホテルはセミオープンしていた。工事を続けつつ、客を受け入れていたのである。しかし、日本では紹介されていない。ここをどこよりも早く取材すれば「秘境のリゾートホテル」として記事にできる。このホテルを日本で最初に紹介したと自慢もできる。当然、原稿料も稼げる。それをボルネオの旅費の足しにする……という魂胆であった。それに、滅多に泊まることのないリゾートホテルに泊まれること自体も期待してしまう。

ちょうどその頃、別の仕事で知り合ったカメラマンにこの話をすると、大いに乗り気になったので彼と一緒に取材に行くことにした。写真はプロに任せた方が確実だ。リゾートホテルのような建築物を美しく表現する写真は、素人には難しい。

当時ムルまでのアクセスは小型機による空路があったが、週に数本しか飛ばず、スケジュールを合わせるのが大変だった。値段も高い。そもそも「ボルネオ奥地の秘境に豪華なホテルがあった！」という記事にしようと目論んでいるのに、飛行機でひとっ飛びで到着した……では面白くない。

思いついたのが川旅だった。ボルネオでは川伝いが一般的な交通路なのだ。バラム川を船で遡り、ムルに着くルートがあるらしい。ジャングルを川から眺めつつ進むと、上流にさん然と豪華なリゾートが見えて来る……というほうが絵になるではないか。

まず河口近くの都市ミリから中流域のマルディという町に向かい、そこでムル行きの船を探すことにした。幸い、川岸には多くの船が並んでいる。

しかし、たくさんある乗合船の行き先がわからない。いずれも全然知らない地名の看板がかかっている。川沿いの村の名だろう。

そこで誰彼なしに捕まえてムル・リゾートに行きたいというと、「これに乗って……したらいい」と言われて、ある一艘に案内された。小さな乗合船だが、乗客は結構多かった。細かなルートはよく聞き取れなかったが、とりあえずゴーだ。

船に乗り込む。最初は赤茶けた大河を上流へ走る。川幅は五〇メートル以上あるだろうか。やがて支流に入ったのか細くなり、蛇行を繰り返す川へと入っていく。時間はかかるが、ご機嫌だった。両岸の景色がどんどん変わるから飽きない。川は熱帯雨林に毛細血管のように入り組んでいる。この血管をたどって熱帯雨林を眺めるのは、実に面白い。ちょっと探検気分も味わえるし、秘境のホテルの前段階としては持ってこいだ。船に乗り合わせた人々とも楽しく過ごした。

が、何時間かの旅の末に突然下ろされたのである。

そこは木材伐採キャンプのようだった。巨大な土木機械が並び、応急につくられたような小屋が並ぶ。

ここがリゾートのわけがない。その点を聞きただすと、なんとムル・リゾートに行きたければ、ここから車だというのだ。川で直接たどり着けるのではないのか。

どうやら川筋が違うらしい。伐採用の林道が、ここから飛行場とリゾートまで延びているという。そんな説明は、船に乗る前にしてほしかった。したのかもしれないが、聞き取れなかったのか。

ほかにルートがないのなら仕方あるまい。

そこでキャンプで車を出してもらうよう交渉する。代金も決まる。

船から四駆のトラックに乗り替えて再出発することになった。私たちと運転手、それにキャンプのマネージャーが同乗する。ところが、この頃から空の様子がおかしくなった。突然の豪雨だ。

それでもトラックは出発した。アップダウンのきつい道だ。ところが、豪雨で林道は泥の海になっていた。ジャングルを切り開いた林道を走る。

かなりのスピードで走るのだから振動が激しかったが、幸いトラックの座席は広くて、そんなにきつくない。このままリゾートに着けば、秘境ホテルまでの道程も、船に加えて想定外のトラック走行を楽しんだという記事が書けるだろう……。

が、ある地点でトラックはスリップを始めた。急な上り坂を登れなくなったのだ。四駆でも、雨が降ると路面がドロドロになりタイヤが空回りする。

一旦バックして、勢いをつけて、一気に走り登ろうとする。が、半分も登らないうちにずるずると下がる。

なんか嫌な予感がした。とうとう運転手以外はみんな下りた。車体を軽くして挑戦。……だが、ダメだった。そこで下りたみんなで車を押すことになった。勢いをつけて登ってきたトラックがスリップを始めるところに飛びつき、荷台を押すのだ。

私たち二人も、トラックの荷台の後ろに取りついた。必死で押すが、自分の足も滑る。空回りする後輪から泥が吹き上がり、全身を襲う。顔から足まで前面がドロドロになった。それでも、登れない。

幾度か繰り返した。が、どうしても車は一点から動かなくなった。

すると言われた。「ここから歩け」。

おいおい。雨の中だぞ。しかも林道だぞ。迷ったらどうする。

一本道だから大丈夫だという。分岐はないという。

しかも、ここまででも金は全額払えというのだ。目的地まで着かないのに金を取るのか。マネージャーと言い争いになった。彼も親方に言われているらしい。じゃあ、せめて半額

雨でぬかるんだ道。
車は登れず、ここからリゾートホテルまで歩く羽目に。

にしろ。そんな交渉を雨に打たれながら行った。しかしダメだという。

その後、ゴタゴタ揉め続けた。カメラマンは泣きそうであった。伐採キャンプにもどろうと言い出したが、却下した。キャンプにもどっても、そこに泊めてもらえるのか。いつリゾートに行けるかわからない。雨でぬかるんだ道が通れるようになるには何日もかかるのだ。そもそもリゾートには本日到着すると連絡している。

一緒に旅をして初めてわかったのだが、カメラマンはフィールド系ではなかった。動植物や自然の風景写真は専門外のようだ。普段は人物や物撮りが中心なのである。そして登山などアウトドア的な経験もなかった。

それどころか海外旅行が初めてだという。最初の海外経験がボルネオのジャングルになってしまったわけだ。こうした先の読めないトラブルはきつかろう。別に私が無理に彼を誘ったわけではなく、本人が行きたいと言ったから組むことになったのだが。

覚悟を決めて、リゾートまで歩くことにした。話によると、行程の半分以上は来ているらしい。今日中に到着できるはずだ。

結局、金は要求どおり払った。最後は握手して別れた。トラックは帰った。これで、周囲何キロか何十キロかは私たちしか人間はいない……。

トラックが登れなかった急坂を歩いて登り切ると、あとはわりと平坦だった。多少はアップダウンのある道だが、あそこさえ登れれば車も十分走れただろう。しかし土砂降りである。雨合羽を被ってザックを背負って歩くのは、なかなか難儀だ。

途中、カメラマンがもう歩けないと座り込んだ。疲れた、足が痛いというのだが、実際のところ体力よりも気力が尽きたのだろう。

しかし、こんな森の真ん中で座り込まれても困る。仕方なく、彼のザックを自分のザックの上に乗せて縛り、私が担ぐことにした。幸いそんなに重くない。さすがにカメラ関係は、カメラマン本人が持つ。ようやく歩き出した。

四駆のトラックが通れなかったのだから、車が通りかかることもない。だからヒッチハイクもできない。日が暮れてきた。とはいえ、野宿する装備はない（リゾートホテルに泊まるつもりで来たのだ）。歩き続けるしかなかった。

もっとも歩くのは、森の中ではなく林道である。木々をかき分ける必要はなく楽だ（慰め）。雨の中というのも、炎天下を歩いて熱射病に倒れる心配を考えたら、むしろ幸いなのだ（慰め）。雨に濡れる森の景色はなかなか美しい……（慰め）。

それにしても目に入るのは、圧倒的なジャングルの広がりである。たまに見晴らしのよい位置に出る。森が地平線になっている。雨が霧となって漂っていて、モノクロの世界だ。灰色だったが美しかった。霧がずっしりと身体を包む。

こうも考えた。

これほどのジャングルを切り開いて道をつくったのは、大木を伐採して運び出すためだ。その木材は、多くが合板などに加工されて大半が日本に輸出されている。広大な森を目にすると、無限にあるかに思えた木材も、すでに枯渇しつつある。そして残る森林もズタズタにされてしまった。熱帯雨林という数億年の時間をかけて築かれた壮大な生物多様性の世界が壊されようとしている。私は、そんな現場に居合わせているのだ……。

朝都会のホテルを出て、その日のうちにこんな状態になるとは思わなかった。さすがにハードすぎて、リゾートホテルを紹介する記事にこのルートは書けないだろう。

薄暗くなってきた。今日中にたどりつけるのか。日が暮れたら闇の中を歩けるだろうか。不安がよぎる。しかし考えても仕方ない。

が、歩けば前に進むのである。歩き出して何時間経った頃か、曲がりくねった道に鉄製の橋がかかっていた。その奥に瀟洒な建物が見える。何やら旗も掲げている。これが、ロイヤルムル・リゾートか！

橋を渡ると、向こう岸がホテルの玄関だった。

どろどろ、びしょびしょの雨合羽姿で私たちはホテルのロビーに入った。

ホテルマンが出てきて、私たちに向かって言った。

「ユーアーウェルカム！」

この決まり文句が嬉しかったこと。

彼は、ウェルカムドリンクとタオルと笑顔で迎えてくれた。ウエルカムドリンクには、熱帯の果実がてんこ盛りだった。

6 ジャングル上空を〝恐怖の散歩〟する

ボルネオでは、交通手段が三つある。

一つは道路。ただし一般道路は都市内と沿岸部を走るだけで、内陸部は少ない。林道はあるが、一般的に走れる道ではない。

そこで二つ目の水路。川が縦横無尽に伸びていて小型船が通っている。中にはカヌーに乗り換えないと通れない支流もある。しかし奥地に向かうには船が一般的だ。

この二つの手段は紹介済だ。少々ハードだったが……。

残るは空路だろう。実は飛行機こそ、ボルネオのもっとも一般的な交通機関だ。ジャングルを切り開いて道路を建設するより飛行場をつくる方が簡単だからかもしれない。もっとも、舗装していない草原のような飛行場が多く、就航するのは小型機だ。乗客はせいぜい十数人しか乗れないから、たいてい満員。

そのとき私は、一人でリンバンの町をめざし、海岸沿いのミリの町から空路で向かうことにしていた。飛び立てば、ほんの数十分で着く。リンバンを漢字表記すると林夢と書くのだが、私は美しい森林の夢を見ることを期待していた。

チケットを購入して、ミリ空港でリンバン行きの飛行機が出るのを待った。

ところが、肝心の時間になると豪雨となった。まさに滝のような雨が間断なく降り続いている。スコールは短時間に降ってすぐに止むものなのだが、どうも止む気配が見えない。結構な雨量だ。この中を飛行機は飛ぶのか。

搭乗呼び出しは、大幅に遅れた。やはり雨のためらしい。雨で飛び立てない以前に、肝心の飛行機が到着しないのだ。リンバンへ向かう飛行機は、ほかにもいくつかの町を経由しながらミリにやって来て、最後にリンバンとつなぐ航路らしい。しかし、雨のためミリに来るのが遅れているのだ。

ようやく到着した機体は、一九人乗りの双発機ツインオッターだった。翼が胴体の上にある小型機で、滑走路が短くても離着陸できることでボルネオの空には多く就航している。

こいつか……。私は、嫌な気分になった。事故で墜落したばかりの機体だからだ。

その飛行機には、私もお世話になった京都大学の井上民二教授が乗っていた。彼は熱帯雨林の生態研究の第一人者だった。熱帯雨林の研究のため樹上を歩ける回廊（後述）をランビル国立公園内に建設していたのである。しかし、幾度目かの現地調査中に事故にあって亡くなった。飛行機が落ちたのは、研究現場であるランビルのジャングルだという。あの飛行機も、ミリ発だったな……。

　とはいえ文句は言えない。乗客は誘導されるままツインオッター機に乗り込んだ。雨足は徐々に弱まっていた。少し晴れ間も見える。全員が席に着きシートベルトも締める。

　順調に離陸した。空に上がれば雲の上に出て、雨は気にならない。下界の景色が見えないのは残念だが、いつしか雨も止んだようだ。雲に機体の影が写り、その周りに虹がかかる。窓の外を見てほころんでいた。

　機内には若い男女のグループが乗っていた。隣の席の男もメンバーのようだ。みんな賑やかで、お互い写真を撮り合って盛り上がり、なぜか私もその中に入って騒いでいた。不吉な思いは消えた。

　いよいよリンバンに近づくと、高度を下げた。雲から抜けると、下界が見える。比較的平坦な地形にジャングルが延々と広がっていた。その中に赤茶けた道が縦横に延びている。蛇行する川も幾筋かあった。こうした風景を見るのが私は好きだ。人家ははっきり見えない。機体の反対側なのだろうか。

　やがて飛行場の滑走路が目に入った。雨は止んでいる。滑走路は、ジャングルの中に一本伸びていた。意外なほど小さい。

　どんよりとした天気の中、降下を続ける。

が、何かおかしい。滑走路への進入する際に丘の上を降下するのだが、機は妙な旋回を続け、滑走路にまっすぐ向かっていない。少し位置がずれていた。高度も尋常ではない。丘の上の木々の葉一枚一枚がよく見えるほど低いのだ。機体は樹の梢とほんの数メートルしか離れていないのではないか。それでも滑走路が見えてきたと思ったのだが、すぐに急上昇した。思わず機内に悲鳴が出る。

機は大きく旋回して、再び滑走路の上空に向かった。着陸のやり直しだ。

「空のジャランジャラン（マライ語で、散歩の意）だ」

そう隣の男は笑った。笑わせて気持ちを楽にしてくれる気遣いだろうか。

しかし、再び旋回して着陸態勢に入ったものの、また急上昇した。機長が何か説明する。マライ語なのでわからないが、どうやら風向きが悪いらしい。そしてまたまた旋回。

が、またもや丘をすれすれにかすって急上昇。もはやジェットコースターだ。

こうなると笑っていた乗客も顔が引き締まる。近くの若い女性が備えつけの袋を広げてゲーゲー吐き出した。前の若夫婦が赤ん坊をヒシと抱きしめる姿が見えた。隣の男も座席前のポケットにある「非常脱出用のパンフレット」に目を通し出した。

私もおだやかではない。井上教授の悲劇が心にこびりついている。多分、私の心の揺れは、機体の揺れより大きかっただろう。

何か気をそらせようと、手元のバックの中を見た。旅の間に読もうと思って持ってきた本が入っている。井上教授の熱帯雨林の本と、もう一冊。荒俣宏の『南方に死す』。縁起の悪い本を持って来たものである。

その後も何度か着陸を試みたが、機長はリンバンへの着陸を諦め、近くのラブアン島の空港に向かうことを告げた……。

ラブアン島の空港には問題なく着陸できた。こちらは比較的大きな空港だ。もっとも雨が続いていたし、空港周辺に町もなさそうだ。結局、数時間待たされた。

夕刻、ようやく風向きが変わったのか、飛行機は飛び立った。今度は無事にリンバン飛行場に着陸できた。着陸成功時は、みんなで拍手をして、降りてからもみんなで喜び合った。何か生死を共にした気分。名前を告げ合い、握手して別れた。

しかしリンバン飛行場の片隅に、同じツインオッター機の残骸が置いてあるのを見逃さなかった。おそらく着陸に失敗したのだろう、翼が折れ押しつぶされた機体である。なんだ、墜落は珍しくないのか。いや、それはそれで困るのだが。それにしても、見えるところに残骸を放置しているのは……。

リンバンは、ほんの十数年前まで小さな川筋の港町だった。しかし奥地で木材伐採が始まったことから、一躍木材輸出基地として大きくなったのだ。町の規模以上に歓楽街が大きくて、当時は森林伐採で儲けた人々が毎晩金を湯水のように使い、まるでゴールドラッシュのようだったと語られる。もっとも私が訪れた時期は、すでに木材景気は過ぎ去っていた。資源が底を尽き、木材の輸出規制がかかるようになったからだ。

明日から、ちょっときつい旅路だ。その日は豪華な晩餐を取ることにした。シーフードを山ほど頼み、ビールをがぶ飲み。その後は生バンドのあるラウンジに繰り出した。

暗い室内だが、ミラーボールが回り、艶《なまめ》かしい雰囲気。ステージでは、バンドが派手な音楽を奏でている。

「おお、タナカが来たぞ」

いきなり演奏中のバンドメンバーがマイクで叫んだ。私は何のことだかわからない。が、ステージを見ると、歌っている四人の女性も、バックの演奏者も、みんな見覚えのある顔ではないか。あ、一番端の女性は、機内でゲーゲー吐いていた子だ。ドラムは隣席の男だ。あの一行じゃないか。そういえば、彼らは自己紹介でミュージシャンと言っていたことを思い出した。

演奏が一区切りつくと、メンバーが挨拶に来た。何やら「生死を共にした」仲間気分で、一気に盛り上がった。その夜は痛飲したのである。

7 残留日本兵の島でテント内が川になる

ベラ・ラベラ島は、ソロモン諸島西部にある島である。大きさはせいぜい小豆島くらいだが、全土を熱帯雨林に覆われている。

私がこの島をめざした理由は、まず熱帯のジャングルで一人でキャンプしてみたかったこと。そしてもう一つ、この島に根強い残留日本兵の噂の真偽を確かめることであった。

太平洋戦争中、ソロモン諸島は陸海ともに日本軍とアメリカ軍の大激戦地となったが、ベラ・ラベラ島にも日本軍は駐留していた。しかし補給も断たれ、一九四三年一〇月に撤退する(当時は「転進する」と言った)。だが、船に乗れず残される兵士も多数出たのである。彼らはそのまま森に入って戦うとともに隠れ住んだようだ。

敗戦後、残留した兵士の大半は森を出た。しかし、敗戦情報も簡単に届かない。投降したのは終戦後何年も経ってからというケースも多かった。一方で、敗戦を知ってか知らずか、森にこもり続けた兵士もいた。そんな残留日本兵が今も森にいるという噂が根強くあった。折しも戦後何十年も経ってからグアム島で横井庄一氏、フィリピンのルバング島で小野田寛郎《ひろお》氏が発見されて帰国した。だからベラ・ラベラ島でも、一九七〇年代後半から八〇年代に日本から戦友会を中心とする捜索隊が幾度か送られていた。そうした捜索隊のニュースは、日本で新聞や雑誌、テレビでもニュースになっていた。

私がソロモンを初めて旅したのは一九八三年である。仮に兵士が島で生きていたのなら、当時で七〇歳前後になる。生存が可能なギリギリの年齢だろう。そこで憧れの熱帯ジャングル生活と残留日本兵探しをドッキングさせようとベラ・ラベラ島を訪ねたのだ。

まずたどりついたのは島の北東部にあるランブランブという村。

日本兵の目撃情報が多い地域は、この村から北上したところにあるロピ川の上流へ数時

ベラ・ラベラ島で居候させてもらったダンピアの家の前で。
この後の災難も知らず、さわやかな笑顔の筆者。

間歩いた奥地だった。私もそこをめざした。

結構な行程である。肝心の場所まで私がたどりつけるか心配していたが、ランブランブで友人になった（居候させてもらっていた）ダンピアが、私を案内してくれることになった。わざわざ一緒に現地を訪ねるという。

もちろん、島は熱帯雨林に覆われている。川の上流域に入ると村もなく、現地の人も滅多に来ない奥地だ。以前、捜索隊がベースキャンプを築いたという場所でダンピアと別れた。ここで五日間、過ごすつもりだった。

たった一人でジャングル生活とは、どんなものか。

まずテントを張った。小川から少し離れた高台に平坦な場所があったのでそこを選び、ざっと草を切り払って小型テントを張った。ここなら、川の増水も大丈夫だろう。

次は、焚き火だ。私は、焚き火には自信があった。たいていの山で、紙がなくても火をつけてきたからだ。まず、枯れ葉や草などを集める。それに小枝、そして大きな薪まで集めた。周辺にはいくらでも木はある。

ところがマッチを擦って、炎を枯れ葉に当てても燃えないのである。

おかしい。ならばとライターで長時間あぶった。燃えない。

じっと観察した。見たところ完全に乾いた枯れ葉だ。しかし、火に当たっても表面がこげる程度。燃えない木の葉があるのか。それとも見た目と違って湿っているのか。それは草でも同じだった。当然、枯れ枝にも火は移らない。これは……。想定外のジャングルの難儀の始まりだった。

幸い、灯油のランプを村で借りていた。その灯油を使って薪を燃やす。そして周りに薪や落葉を積み上げた。すると、じゅうじゅうと妙な音がして湯気が上がった。やはり湿っていたのだ。分厚い葉は、表面こそ乾いているように見えても芯の部分で湿っているから燃えにくいようだ。

私は焚き火を大きくしつつ、その周りで次に燃やす薪をどんどん乾燥させるようにした。苦労するが、これもジャングル生活の醍醐味かな。

なんとか火をおこせたことで炊事もできた。なにより炎を眺めていると安心感が湧いてくる。森の中だから空は見えない。それに曇天だったから星空は望めなかった。夜は完全な暗闇だ。焚き火の光だけが、周りを揺れるように照らしている。

さて、明日に備えて十分に寝よう。まさか残留日本兵が訪ねて来たりはしないだろう。いや、もし訪問してくれたら面白いことになるのだが……。

が、とんだ伏兵が現れた。深夜から、突然の土砂降りとなったのだ。

寸前までそんな気配などなかったのに。すさまじい雨だ。あわてて焚き火を消してテントの中に入った。

テントの防水は完璧であるはずだった。密閉式のドーム型だから流れ込むことはないと思っていたのだ。

ところが、思いがけない状況が出現した。テントを張ったのは高台で平坦な場所だったが、そこから上に斜面が延びていた。その斜面から雨が川となってテントを襲ったのだ。それに密閉式というのは嘘だった。出入り口から雨水は急流となって入り込んできた。

いきなりテントの中に川が出現した。たまらん。まだ事態をよく把握していなかったのかもしれない。降雨の可能性は考えていたが、テントを張った場所が川になるなんて。川面から三、四メートルの高台だから、そこまで増水することはまずないと思っていた。仮に増水するときは、兆候があるはずだ……。

どうやら川の本流自体が増水したわけではなく、あくまで川岸の斜面に新たな川ができてテントめがけて流れ込んできたようだ。

仰天しつつも、ザックに濡らしてはいけないものを詰めて、膝の上に置いた。テントの中で中腰になった。足元は水深五〜一〇センチの水流がある。

明かりは、ヘッドランプだけ。これをずっと点けていたら朝まで持たないから消す。真の闇の中で、テントを打つ雨音と足元の水の感触だけを感じて過ごす。中腰のため疲労で筋肉がギシギシと鳴るような辛さ。着ている服はびっしょり。

意を決してテントから出た。まずテントの上に樹から樹へロープを渡す。それからナイフで近くの木々を伐り、杭をつくるとテントの周りに刺した。さらに巨大な葉っぱを持つ木を多く集める。長さ一メートル以上ある葉っぱがあるのだ。その枝葉を杭とロープの上に被せて、テントのシェルターを応急につくった。

テントの中に再び入ると、テントを打つ雨の音は少なくなったが、足元は相変わらず水が流れている。

雨は熱帯特有の一過性の豪雨（スコール）だと思ったのだが、実際は簡単に止まず、結局朝まで降り続いた。その間、テントの中で川に浸かっていたのである。

ようやくテントの外が白んできた。外に出て空を見上げ朝になったことを確認したときは「生き抜いた」と思った……。

朝は、濡れた服やらテントやらを干す作業から始めた。それでも昼はジャングルに入った。道なき道を進み、巨岩の転がるロピ川上流部の探検を行った。迷ったり、転落して怪我をしたら確実に遭難だ。誰も助けに来ないだろう。残留日本兵以外は。

それから五日間を過ごした。さすがに大雨は初日だけだったが、時折小雨が降る天候は続き、何から何まで濡れてしまった。身の回りのものにカビが生えた。ザックに生えた。カメラレンズにも生えた。そして身体の一部にも生えていることに気づいたときは、さすがに気落ちした。

また大雨でテント内に川ができるのを阻止しなければとテントサイトをつくり直していると、どんどん立派になって行く。

五日間をなんとか持ちこたえた気分だが、逆に考えればたった五日間でこのていたらくである。とても何十年も森の中に暮らし続ける自信はない。

問題は帰途である。行きは案内があったが、一人で帰り道はわかるだろうか……。そのうえ荷物が全部濡れている。

テントを片づけて撤収準備をしていると、不意に声がした。

びくっとした。日本兵か？

行きにここまで案内してくれたダンピアが迎えに来てくれたのだった。心底ほっとした。彼も、私のことを心配してくれていたらしい。一人じゃなかった……。

感謝しても感謝しきれない。

ちなみに島民で残留日本兵の存在を信じている人はほとんどいなかった。

8 病人、カヌーで嵐の海を漂流する

海で遭難したことはあるだろうか。海洋冒険小説では、定番の設定なのだが……。自慢じゃないが、私は南洋で幾度も海のトラブルを経験している。

たとえば乗せてもらった貨物船（舷長一〇メートルくらいの小型船）が、ボルネオの沿岸を航海中、深夜に珊瑚礁に乗り上げて座礁したことがある。私は船底で寝ていたのだが、音で目覚めた。船は、どんどん傾いていく。必死に船を岩から外そうとみんな棒を使って海底を押したものの離れない。転覆したら夜の海に投げ出される、と緊張した。結局、船は傾いたまま翌朝の満潮を迎えて礁から離れることができた。

カヌーで外洋に出たところ、途中でエンジンが止まってしまったこともある。そのカヌーには一〇人以上乗っていて満員状態。赤ん坊を抱いた母親もいた。

エンジンが止まると、カヌーは波に煽《あお》られてひどく揺れる。船酔いで吐く子供もいた。しかも炎天下。私もかなり気分が悪い。その中でドライバーはエンジンを分解し始めたが直らない。そのうち私にお呼びがかかった。ヤマハ製、つまり日本製のエンジンだから直せ、と言うので

ある。機械に関してはまったくの素人だが、バイクと同じ要領でプラグを外してみると、火花ギャップが真っ黒になっていた。煤《すす》が溜まっているのだ。

これを、ゴシゴシ磨け。そう身振り手振りで示した。

後はドライバーに任せた。私の助言？　が効いたのかどうかはわからないが、しばらくしてエンジンがかかり、なんとか大海原を脱出できたのである。

さて、そうした豊富な？　経験の中で、もっとも強烈な思い出となっているのは、実は前章のベラ・ラベラ島でジャングル生活を送ってからの帰りである。このときばかりは本当に命の危機を感じたほどだった。

私がベラ・ラベラ島に渡ったときは貨物船だった。コプラ（ヤシの実の白い胚乳部分を乾燥させたもの。良質の油脂分を含むため重要な換金作物となっている）を収集するためにベラ・ラベラ島の東部沿岸の村を回る船に便乗したのである。全長五メートルくらいの小型のものだ。それでもベッドがあって私はそこでほかの乗員より先に寝てしまい、快適だった。だから帰りも、この船が来るのを待つつもりだった。

しかしジャングルで五日間過ごした私は、完全に体調を崩していた。やはり一晩中雨に打たれたのがマズかったのだろうか。咳がひどく出るようになったのだ。単に風邪とは思えなかった。熱は出なかったが身体がだるくて仕方がない。黄色い痰まで出だした。身体にカビが生えたことでも精神的に落ち込んだ。

ランブランブの村に帰ってからも体調はもどらなかった。とくに辛いのは夜だ。昼間はいがらっぽい程度の喉が、夜も更けて寝ようとした途端に急に咳が出始める。それも連続して止まらない。まるで空気が吸えないような状態だ。そのため眠れなくなった。喘息症状である。私は、気管支炎を起こしたのだと悟った。

当時私は仲良くなったダンピアたちの家に泊めてもらっていたが、私が咳を始めると、みんな起きてきて背中をさすってくれたり、防寒ジャンバーを持ってきてくれたり。ダンピアも横に付き添ってくれた。

私が謝ると、「ノープロブレム」と笑って、逆に彼も謝った。せっかくランブランブに来てくれたのに病気にさせてしまって申し訳ない、と。

結局、前かがみに座るのが一番楽なので、家を出て海岸近くの浜に座って堪《こら》えていた。すると、近くの住人がそっとやってきて、隣に座る。何も話しかけない。ただ付き添うように。これが嬉しかった。

ようやく朝を迎えた。

これ以上村にいたらもっと悪化するだろう。それでは村人にも迷惑をかける。そこで病院のあるギゾ島に早くもどることを決めた。ただし、しばらくはギゾに渡るための貨物船は来ない。

　そこでエンジン・カヌーをチャーターすることにした。カヌーの賃借料と燃料費を払ってカヌーを出してもらうのである。小さなカヌーで海を渡ることに不安がなかったとは言えないが、病状に一刻の猶予もないように思えた。

　ところが出発の朝になると、雲行きが怪しい。どんより低い雲が垂れ込め、風も妙な方向に吹いて波立っている。普通なら出航しないだろう。しかし、私の体調が容易ならざる状況なので、先延ばしする判断はなかった。

　ドライバーと私のほかダンピアも付き添ってくれることになったので、三人がカヌーに乗ることになった。

　私はカヌーの後ろの方でうずくまっていた。

　薄暗い海をカヌーは走った。ランブランブ村の前の礁湖を出るまでは静かだった波も、すぐにきつくなった。カヌーは結構なスピードを出すが、大きな波の間に底が浮く感触が幾度もあった。そしてすぐ落ちて、海面を打つ。外洋に出ると、波がより強くなった。ギゾ島まで数十キロある。もともと小さなカヌーで渡るのだから時間はかかると予想していたが、この調子で航海を続けると何時間かかるか。

　やがて雨が降り出した。そして風が強まる。それも生半可ではなかった。

波が頭上高く盛り上がるのを目にした。カヌーは壁のような波に突進する。波は頭上に落下する。

携帯していた折り畳み傘を広げてみたが、無意味。びしょ濡れだ。ドライバーも必死でカヌーを操る様子が後ろ姿から感じられた。

私にできることはない。そもそも病人なのだ。しかし、じっとしていられない。せめてと舟底にあった壊れた洗面器のような容器で、カヌーに溜まった水をかき出す。だが、いくらも水を汲まないうちに、次の大波に襲われた。

よく比喩に使われるが〝木の葉のように〟カヌーは海原を彷徨《さまよ》った。エンジンは唸《うな》るが、カヌーの後ろが持ち上がるとスクリューが海面に出てしまうのだろう、空回りしていることが音でわかる。

そのうち、その音も消えた。エンジンが止まったのだ。

嵐の海をなすすべもなく漂流するカヌー……。私を除く二人は、櫂でカヌーを安定させて少しでも前へ進もうとした。私は、灰色の空を見上げるだけ。

波に揉まれて漂っていると、我々のカヌーの近くに別のカヌーが漂流してきた。誰も乗っていない。流されたのだろうか……。乗っていた人はどうなったのだろう。あるいは浜辺に置いていたカヌーが、無人のまま波にさらわれて漂流しているのかもしれないが、波の中にカヌーが天地をひっくり返したように揺れているのを見ていると、自分たちの姿を鳥瞰《ちょうかん》しているかのようだった。

なんか絵に描いたような危機的状況だ。ただ、不思議と怖くはなかった。三人だったからかもしれない。体力が落ちているため深く考えられなかったからかもしれない。自分ではどうにもできない状況だけに達観してしまった。

それから何時間漂ったか記憶にない。ただ、少しずつ波はおさまってきた。空が明るくなり、風も弱まってきた。

二人は櫂を漕いでカヌーを進めた。前方に白い陸地が見えてきた。

その陸は、島というより砂州だった。楕円形をしていて、おそらく幅が一〇メートル程度、周囲も五〇メートルとないだろう。ただ中央に植物がわずかに生えていた。ということは、満潮でも水没しないのだろう。

周りにほかの陸地は見えない。おそらくベラ・ラベラ島沿岸から遠く離れているはずだ。しかし、こんな沖合に砂州があるということは、意外と水深は浅いのだろうか。気づかないうちに礁湖に入ったのかもしれない。

ともあれ上陸した。休憩できることに感謝だ。空に少し陽差しがもどってくる。

カヌーに積んできた蒸したイモをみんなで食べ、ヤカンに入れた真水を飲む。出発する際にダンピアのお母さんが差し入れしてくれたものだ。考えてみれば、朝から飲まず食わずで海の上を漂っていたことになる。

身体をいっとき休めて、少しでもお腹に入れると、不思議と元気を取り戻せるものだ。せっかくだから砂浜を一周した。すると、ビール缶が見つかった。流れ着いたのではなく、ここで飲んだもののように見えた。この島は近隣の住人がピクニックに来る所なのだろうか。意外と本島に近いのかもしれない。

再び出発した。カヌーのエンジンはあっさりかかった。聞くと、エンジンが止まったのは燃料がなくなりそうだったので自ら切ったのだそうだ。

とはいえ、わずかに残った燃料では、とてもギゾ島にたどりつけない。まだ先行きは見えなかった。

しかしダンピアらには勝算があったようだ。ゆっくりカヌーを走らせると、やがて大きな陸地が見えてきた。沿岸にニッパヤシで葺《ふ》かれた小屋が見える。比較的大きな集落のようだ。そこにカヌーを寄せる。漂流したものの、意外や彼らは自分たちがどの辺りの海にいるか把握していたみたいだ。やはり海の民なのだ。

住民としばらくの交渉の末、燃料補給をすることができた。

夕方には、ギゾ島に到着した。すでに空は晴れていたが、誰もが全身ずぶ濡れだ。身体が重い。しかし、それが病気のためなのか漂流で精根つきていたのか、よくわからない。

この島は小さいものの州都が置かれ、役所や病院などが並んでいる。私は、毎日病院に通っては腰に太い注射を打たれ、しばらく病気療養を続けた。数日後には、なんとか平常の生活が送れる程度に回復した。その後もいろいろあったが、今となっては嵐の海の漂流体験の方が思い出深いのである。

9 幻の巨大クレーターにたどりつけ

道なき道を進むこと三時間。とうとう森を抜けて海風が吹き抜ける高台に出た。遠くには水平線が広がっている。が、その手前に巨大な姿を現したのが、探し求めていた幻のクレーターだった。

私を含む五人のメンバーは、呆然と眺めていた。あるのかないのか。あったとして、その正体は何か。カンカンガクガク議論して推論を重ねた結果が目の前に広がっているのだから。場所は、小笠原諸島の母島。その北に東台と呼ばれる半島がある。その先端に、私たちはたどりついたのだ。

私は学生時代に探検部の活動で小笠原諸島、とくに母島を幾度も訪れている。すでに記した洞窟調査だけでなく、毎回いくつかの調査目的を掲げていたが、テーマの一つに「幻の巨大クレーター」があった。

元はと言えば、国土地理院の発行する母島の五〇〇〇分の一の地図を手に入れたことから始まる。この大判の地図を見ると、これまで二万五〇〇〇分の一の地図では描かれていなかった地形が浮かび上がる。その中で目に止まったのが、東台の先であった。

そこには海抜一三二・六メートルの峰があるらしいが、その手前がくびれている。そしてくびれたところに陥没している印が記されていた。その底には水が溜まっている、つまり池があるのだ。これを地図で見つけた隊員が、何だろう？ と疑問を呈した。

この陥没孔の大きさを計ってみる。東西に一二五メートル、南北七八メートルの楕円形ながら、かなり巨大な孔だ。

こんな孔が、なぜ半島の先端部にあるのだろうか。火口か、隕石が落下した後のクレーターみたいではないか。

「この池を見てみたい」

それは小笠原探検隊五人の意志となった。

とはいえ、事前情報はまったくと言ってよいほどない。ただ地図だけだ。そこで、母島に渡ってから情報収集した。

ところが、そこでも難渋するのである。母島の住人で、東台に行った人が見つからないからだ。戦前から住んでいた人さえ、知らないと言った。

ただ一人、星典さんという島の自然の生き字引のような人が知っていた。

何年か前、母島を測量に来た人々と東台を歩いて、このときに先端までたどりついて巨大なクレーターを見た、と言う。その底にはたしかに池があったそうだ。

そのときの測量の成果が、五〇〇〇分の一の地図に描かれたに違いない。存在が確認できたのだから、我々も行かねば。

ところが、東台には道はないという。

どうして行くか。

まず考えたのは、ボートで先端部に近づき、上陸できないかということだった。母島の漁にはアウトリガーつきのカヌーが使われている。これなら岩礁の合間を縫って先端部に近づけるのではないか。

そこでカヌーを持つ漁師に話を聞きに行った。ちょうど港に何人かの漁師が集まっていたので、相談した。すると誰も東台のクレーターについては知らなかったが、あの辺りは絶壁で、しかも外海側は波が荒いから近づけないと言われた。内海側に上陸できても、そこは絶壁だから登れないと。

そこでカヌーの利用は諦めたのだが、意外な言葉が出た。

「あの先端部は、洞窟があって向こう側が見えるよ」

なんと。くびれた部分を貫くトンネルがあるというのだ。海から洞窟の奥に向こう側の光が見えるらしい。

いよいよ混乱した。クレーターの下に海食トンネルがあるのか？　どんな構造をしているのだろうか。

結局、陸路を行くことにした。星さんはかつて測量で歩いたというのだから、同じように行ってみようというわけだ。

ルートは、稜線を選んだ。尾根に沿って登り進み続けよう。

登り口は北村集落の墓地。そこから測量隊は入った、と言う星さんの証言だけを頼りに出発する。最初は踏み分け痕があったので、それを伝って尾根へと登る。が、すぐに痕は消えた。とりあえず尾根伝いに頂をめざして進むしかない。

ブッシュをかき分けるのも辛かったが、だんだんと尾根が細るのが怖かった。歩ける幅が狭くなり、両側が急斜面になってきたのだ。とくに右手は断崖絶壁で下に海が見えた。風がきつい。足を踏み外したら、風に煽られたら、と恐怖が増す。

予想外の行程にみんな根を上げる。幾度も休みながら、地図と見比べながら方向を確認しつつ進んだ。先頭を頻繁に交代したが、少し進むと悲鳴が上がって、リタイヤやむなしの声も出始めた。

ようやく山頂にたどりついた。幸いなことに山頂から先へはまた測量隊のものと思える踏み分け痕が残っていた。しかも下りになるから、少し楽だ。

ただ、周りの木々が高く茂っていて見通しが悪くなった。コンパスと地図で方向を確認しつつ進むしかない。その後、また道が消えて稜線にしがみつくように先をめざした。

いつしか森を抜けてタコノキの群落に出た。タコノキは高さ二〜三メートルだが、それでも人間の背丈を超えるから前がよく見えない。しかも幹から太い気根を四方八方に伸ばし、それこそタコの足のように地面に広げている。それがタコノキの語源だろうが、歩きづらいことおびただしい。そんな一帯を進むのは難渋した。

とはいえ、もはやもどれる地点を過ぎている。しゃにむに前進するしかない。藪漕ぎを続けた。

突然、視界が開けた。

タコノキの群落を越えたとたん、突然視界が開け、大海原が見えた。
先端の岩峰の手前にクレーターがあった。

急斜面の高台に出た。そこからは背丈の低いクサトベラの草原になっていた。その向こうに岩の峰が見えた。これが先端の岬か。その先は大海原だ。

ただクレーターは見えない。本当にあるのか？　不安にかられた。

密生しているクサトベラを身体でかき分けるように前へ、前へ。

すると岬となる岩峰の手前が見えた。ガクンと落ち込んでいた。

あった。巨大なクレーターだ。緑の草原を切り取ったような穴だった。みんな走るように草原を駆け下りて、その孔のよく見える位置まで下りた。

たしかに直径一〇〇メートル以上あるように見えた。そして、その底に水が見えた。

ただ、その水は白い波を立てていた。水は海水だった。クレーターの底は、海に続いているのだ。角度を変えて見ると、池の壁の一部が外海に続いているのが見えた。海食洞でトンネルが穿《うが》たれている。

おそらく海食によって洞窟が掘られ、そこに落盤することで内部空間が広がったのではないか。そして、最後は陥没して大きなクレーターになったのだろう。

クレーターの外輪は、薄いところでほんの数メートルしかない。深さは高い所で七五メートル、低いところでも三〇メートルはあると目測した。いずれも絶壁だ。一方向だけ岩が崩れて多少の斜面になっていたが、とても人が下りるのは無理だろう。残り三方向は垂直の崖だ。

外輪の稜線部分まで下りようとするが、風が異常に強い。立って歩けないほどなのだ。みんな背を低く、ほとんど手を地面につけるようにして、ようやく稜線のわずかに平坦な部分までたどりついた。

しかし素晴らしい景色だった。海と草原、そして垂直の崖。この景色を見た人が、これまで何人いるか。そして何より、道なき道を進んで、遭難一歩手前の状態までなりながらたどりつけたことが感動を高めたのだろう。忘れられない景色となった。みんな満足感に浸《ひた》っていた。これぞ探検。これぞロマン。

そのときは、帰路のことを考えていなかったのである。

第三部

森を巡る科学とトンデモ話の間

1 木登りで仰天の樹上世界を覗く

ふと立ち止まって周りを見渡した。

前方は緑。後方も緑。右も左も緑。真上も緑が空をさえぎっている。そして足下にも地上まで数十メートルもの深い緑の森林が広がっていた。

前後左右上下、すべて緑。これぞ本当の「森の中」。こんな景観に身を置いた人間は、そんなに多くないだろう。そう考えると愉快でさえあった。

通常なら見上げるだけの高木の枝葉が目の前に見えるのである。よくよく観察すると、葉の間に緑色で目立たない地味な小さな実をつけているものもあった。若葉が萌え出しているところには、何か昆虫が群がっていた。

空飛ぶ鳥の眼で見ることを「鳥瞰」というが、さしずめ「猿瞰」、サルの目の世界だ。樹上の枝を自在に渡るサルにしか見ることのできなかった景色ではあるまいか。

私の子供時代、木登りというのは遊びの一つとして外せなかった。なぜか木があると登りたくなるものだ。これを大人になって熱帯雨林で行えるとは。

子供の頃から熱帯雨林に憧れていた。

しかし、実際にジャングルを歩いてみると、そんなに楽しくはなかった。何より暑く湿度も一〇〇％。サウナのようなのだ。風は吹かない。そして暗い。見通しが効かない。足元はぬかるんだ泥。茂みをかき分けねば前に進めないが、その草木はトゲが多く生えて不用意に触ると肌を切り裂く。そして虫が多かった。まとわりつくのだ。

もちろん、それはそれで興味深い体験だったのだけれど……、どう考えても快適ではない。もっと優雅にジャングルを楽しめないか。

そんなときに、『ワイルドライフ日本語版』（一九八〇年一二月号）という自然系の雑誌を手に取ると、中米コスタリカのジャングルで、木から木へロープを使って渡り歩く研究者を紹介していた。ドナルド・ペリーである。

彼は、熱帯雨林の研究をしていたのだが、地上から上を仰ぎ見ていては本当の姿はわからない、と木の上に登り出した。ロッククライミングのために開発された道具やロープワークを木登り技術に応用したのだ。ペリーは、それまでロッククライミングも未経験だったというからゼロから技術を身につけたらしい。

さらに木の上に登るだけでなく、木と木の間にもクモの巣のようにロープを張り巡らせ、枝から枝へと渡れるようにした。さらに木の上に設《しつら》えた小屋で寝起きして、樹上の生態系を研究している……といった記事だった。

それにいたく感動したのだ。木の上には、まったく知らない未知の世界が広がっていることにも、そこに到達する手段として木登りをすることにも。

とはいえ、私もロープワークを身につけて木登りを始める……ようにはならなかった。ロッククライミング技術は洞窟探検の関係で多少かじっていたのだが、自分には合わないと早々に投げ出していた。細やかなロープの扱いが苦手なだけでなく、体力的にも厳しかった。昔はガリガリに痩せて非常に身軽だったのだが、恰幅《かっぷく》がよくなった（太ったともいう）ことも関係しているかもしれない。

そこに飛び込んできたのが、京都大学がボルネオ（サラワク州）のランビル国立公園の熱帯雨林でツリータワーを建て、樹間に吊橋のような歩道を建設し始めたという情報だ。

ロープワークによる木登りは個人技であり、それでは誰でもいつでも研究のために樹上に登れない。そこでタワーと樹上を巡る回廊を築くことで簡単に樹上世界にたどりつけるようにする、というのがコンセプトだった。手がけるのは井上民二教授を中心とした日本人研究者たち。

これだ、と思った。これならロープワーク技術と体力を使わずに木登りができる。労せず樹上世界に到達できる！　客観的に見れば、かなり軟弱というか情けない発想なのだが、私はこの研究現場で樹上を覗くぞ、と決意した。

熱帯雨林は現在急速に減少している。しかし、肝心の熱帯雨林がどんな生態系なのかは、意外なほど何も知られていない。

たとえば一体何種類の木があるかわからない。どの木がどんな花を咲かせ、いつ種子をつけるのかもわからない。年輪のない木が多いから樹齢も推測しにくいし、森林の生長量も枯死量もつかめていない。謎だらけなのだ。

一方で従来の研究は、森林の地表部を歩いて行っていた。だから私も体験したように暗くて暑くて湿っぽくて……という世界なのだ。目に入るのは、大部分が幹の部分と低木や草になる。ところが樹木にとって、もっとも大切な部分は樹上の枝が広がり葉のついているところだ。ここで呼吸もすれば光合成も行い、花と実をつけるのだから。加えて熱帯雨林の昆虫の大半が樹上に生息するらしい。地球上の生物の種類の九割は、熱帯雨林の樹上にいるのではないか、と推測する研究者さえいた。

熱帯雨林の研究は、樹上をクローズアップし始めたのである。

その先頭を切るのが井上教授だ。私は教授に取材を申し込み、その後いろいろな手続きを済ませて、ようやく現地訪問を実現させた。

登った樹上世界は、感動的だった。私は、あちこちウロウロして回った。

ジャングルに点在する超巨木を包み込むようにツリータワーを二基建てて、その間を吊り橋

巨木を包み込むように建つツリータワー。
木の周りの螺旋状の階段を昇る。

のような歩道で結んだ構造だ。そんな回廊は、いくつかの木に設けられたステーションを結ぶが、延長三〇〇メートルを越えていた。タワーは谷を挟んでいたので、樹上回廊の高さはところによって三〇メートル以上になる。

第一タワーは、樹高六〇メートル近い巨木を中心に据えて、螺旋上に階段が周りを取り巻く。昇っていくと、高さ一七メートルの段から横に樹上回廊が延び、木々の間を縫って第二タワーに連結する。

ただ問題は、樹上の間を歩くために設置された歩道は、なかなかシンプルな造りであることだった。足を置く部分は金属製の板だが、その幅は三〇センチほどしかない。それを吊っているワイヤーロープが両側の胸の位置に二本あり、歩道を二メートル間隔で吊ってあるのだが、その間に何も張っていない。たとえば吊橋の場合なら、全面に防護網を張るのが普通だ。しかし研究用だからか簡略化されて、何もない。足を滑らせたら地上にまっさかさまだ。

木と木の間を結ぶ歩道。
時折段差があり、
梯子を昇らなくてはならない。

さすがに危険なので、移動するときは命綱をつける。腰にハーネスと呼ぶバンドをして、そこに結ばれたロープをカラビナで回廊のワイヤーロープに引っ掛けるのだ。万が一、落ちた場合は、この命綱で宙空《ちゅうくう》にぶら下がることになる。

もちろん歩けば揺れる。しかも樹上回廊を設置している高さは、木によって多少の段差がある。そこは、揺れる吊り橋の上に立て掛けたジュラルミン製の梯子を昇らなくてはいけない。梯子を昇りながら、命綱をつなぎ直す。カラビナを外して次の段に留め直すのだが、その一瞬は命綱がない。自らの手でしっかり持つだけだ。

ところで樹上回廊には行かず、第一タワーを階段で昇り切ると高さ三五メートル。そこに展望台がある。樹海を見渡せる高みだが、実はさらに上に向かって梯子が伸びている。梢のそばまで近づくためだ。

私はその梯子を昇ってみた。数メートル昇ると、早くも梯子がたわみ出した。ステップに足を置き体重をかけると、ぐっと、沈みこむ。さらに昇り続けると、風が強く吹きつける。すでにジャングルから一頭抜け出しており、まともに風が当たるのだ。そのたびに梯子は揺れる。手足が小刻みに震えるのがわかった。

高い所はわりと得意なつもりだったが、これは恐い。

最上階のテラスまで昇るのはかなり時間がかかった。その高さは五五メートル。まさに樹海

最上階のテラスからツリータワーの展望台を見る。
樹々に囲まれた不思議な空間だった。

を見下ろす気分だった。遠くまで緑の地平線が広がっている。足元には、昇ってきたタワーの頂上が小さく見えた。

後から昇ってきた井上教授の指す方向を見ると、テラスの横にある枝に葉と混じって、実がなっていた。まだ成熟していない直径一センチ程度の実が、羽のようなガクとともについている。ランビルでは昨年、多くの木が実をつけた。しかし、この木は昨年ではなく今年になった。開花についても謎の部分が多い。

「すでに、幾つも新しい発見が成されています。周りに見える着生植物や昆虫も多くが未知の新種です。花に受粉する昆虫も何かわかっていません。このフタバガキ科の木は数年に一度しか開花しませんが、その条件も重要なテーマです」

そんな話をしていると、強い風が吹きざわざわと揺れた枝から種子がいくつか離れた。それはガクを広げて羽根突きの羽根のようにくるくる回転しながら落ちていった。種子に羽根があるのは、より遠くに飛ぶためとか、地上に激突して種子が割れないような落下傘効果のためとも言われている。羽根の枚数も種類によって違う。

下方を見ると、緑の枝葉の合間に小さく樹上回廊が延びているのが見えた。研究する学生が歩いている。回廊の周囲の木を一本一本チェックしているのだという。どの木はいつ花を咲かせているか、若葉の量と枯れ葉の量はどうか、と二週間ごとに調べるそうだ。これを何年か続けてデータを取る。

井上教授は、その後飛行機事故で亡くなった。このランビルに墜落したのだった。

木登りによる研究も、その後変遷を重ねている。もっと自由に高さを変えられるようにと、人の乗ったゴンドラを樹上の好きなところに運ぶ特製クレーンを使ったり、飛行船でゴムボートのようなゴンドラを森の上に降ろして調べたりする方法も取られている。

ただ近年は、原点にもどって人がロープを操って木々に登る方法に回帰しているという。クライミング技術がいるし、危険もあるが、これがもっともシンプルで研究者が自由に樹上に達する方法だと再認識されたらしい。

一方でスポーツとしてのツリークライミングの流行や、造園的な意味で高木の剪定や伐採などを木登りしながら行うアーボリカルチャーという技も日本に広がり始めている。木登りは、新たな森林のトレンドになるかもしれない。

私も幾度かツリークライミングを試す機会があった。なかなか爽快ではある。ただ、ロープが絡まってしまい木と木の間に宙づりのまま動けなくなったこともある。やはり私には向いていないのだろうか。

2 東奔西走、世界の森に火をつける

森に火を放つ！　これは禁断の欲望だ。森の草木に火をつけて、大きく燃え上がる森を見たい……。なんて危険なことを。

そもそも森を焼くなんて、自然破壊だろう、と言われることは百も承知。

より正確に言えば、焼畑に憧れたのだ。一度はやってみたいと思っていた。

焼畑の説明はそんなに要らないだろう。森を伐り開き、伐った草木に火をかけて燃やす。そして焼け跡に作物の種子を蒔いて、そのまま育つのを待つ。幾度か収穫して作物の育ちが悪くなると放置し、次の森を伐り開き、また火をかける。数年ごとに移動する農法だ。跡地は、時間が経つとまた森にもどる。

焼畑は一般に原始農法とされる。耕したり施肥《せひ》したり灌漑するなど、高度な農業技術が発達する前に行われていた農耕の初期段階と位置づけられていた。しかも生産性が低く、肥料となるのは焼いた際の灰だけ。栄養分がなくなり作物が育たなくなったら、その土地を捨てる。だから時代が進むに連れて焼畑は消滅し、常畑に代わっていくとされた。今でも焼畑を行ってい

るのは、発展途上国の少数民族だけだと。

森を破壊する元凶ともされた。熱帯雨林が減少する主要因だというのだ。なんたって、森に火をかけて農地にしたのに、数年で捨ててまた別の森を伐り開くのだから。

しかし、いろいろ文献を読んでいると、それは間違いだとわかってきた。焼畑は、ヨーロッパでも近世まで行われていたし、日本に至っては現在も各地に残っているという。

そもそも焼畑を数年で捨てるのは、土地に栄養分がなくなるからではない、雑草が生い茂り作物が収穫できなくなるからだ。しかも数年で放棄することで、焼畑跡地は森にもどる。伐り開いた土地をずっと農地のまま維持するより生態系に優しいというのだ。

また耕さずに斜面をそのまま農地にするため、土壌流出を引き起こしにくい。焼畑こそ、環境に優しい循環型の農法なのである。むしろ焼畑を知らない民族が、近年になって森を野放図に開墾することで森は破壊されてきた。

現代の日本でも焼畑がある……。それを知って、私は、この目で見たいと思った。

焼畑の里として有名なのは、宮崎県の椎葉村《しいばそん》とその周辺だ。今ではある種の観光として、あるいは民俗文化の保存のために行う面もあるようだが、ちゃんと農産物の収穫もしている。

そこで今も焼畑を行っていることで知られた椎葉秀行さん（故人）のところに手紙を書いて、訪問させていただきたいとお願いした。

しばらくして返事が来て、その年の焼畑をする日時を知らせてくれた。夏のある一日だ。行かねばなるまい。

ところが椎葉村までの行程は、思っていた以上に難儀だった。宮崎県日向市まで船で行き、ここからレンタカーを使うつもりだったのだが、港で聞いたところによると、前年の大雨で椎葉村への国道が崩れて通れなくなっている、というのだ。前年からずっと通れないままとは、住民はどうなるのか。

どうやら抜け道があるらしい。崩れたところを林道などで迂回すれば椎葉村と行き来できる。ただし、その道は素人には無理だ、初めて訪れた者がレンタカーで走ろうとしても迷うだけ……と忠告を受けたのだ。

その代わりバスを使うよう提案された。バスは、崩れた地域の手前の集落まで走っている。そこで地元のタクシーを呼んで迂回路を走ってもらい、奥の地域にたどりつく。そこから奥はまたバスが走っているから乗り換える、というルートだ。

教わったままに、その方法で椎葉に向かった。と言っても、バスは一時間、二時間に一本しかない。バスの乗客が私だけになる区間もあった。急に停車するから何かと思えば、「タヌキが轢かれて死んでいるよ。可哀相になあ」と運転手に話しかけられた。

ようやく到着した集落で無人のタクシー事務所から電話をかけて、たった一台のタクシーに来てもらう。そして迂回路を走り、奥地路線のバスに飛び乗り……。

ともあれたどりついた、椎葉村。ここから焼畑を行っている山までまた登る。幸い、地元の人が案内してやろうと車を出して近くまで連れて行ってくれた。林道から茂みに入っていくと……煙が見えた。

急ぎ足になる。目の前に煙に包まれた斜面があった。焼畑だ！

しかし、すでに火を入れた後、だいたい燃え尽きていた。残念ながら火をかけて燃え上がる瞬間を目にするのに間に合わなかったのである……。そして、密かな望みだった、自ら森に火をつけることも叶わなかった。

「ちょっと遅かったねえ」

そうおばさんに話しかけられた。彼女は某博物館の研究者だった。ほかにも大学研究者やテレビ局などの人がいた。今年の焼畑は、焼畑をする様子を記録するための研究者や撮影隊がたくさん参加していたのだ。

山を焼く過程には、いろいろな儀式がある。山の神様にお供えしたり、お祈りしたり。火入れまでの手順や参加者の役割も細かく決まっている。それらを民俗文化として記録しようとしているのだ。

みんな前日から泊り込んでいたらしい。私だって、真っ当に車を走らせていたら午前中に着いたのに……。

椎葉さんのところは「民宿焼畑」を経営している。これも焼畑見学の人があまりに多くなり、彼らの泊まるところを確保するためだったとか。

私もお世話になりながら、椎葉村を歩き回った。すると、焼畑を行うのは椎葉秀行さんだけではないことがわかった。各地に焼いた山がいくつもあるのだ。そんなところにもお邪魔した。何へクタールも焼いて、真っ黒な灰に覆われた山肌に蕎麦の種子を蒔くところに訪ねたこともある。

いろいろ教わる。焼畑は伐採した土地の上部に火をつけて、人が手作業で下へと火を落としていくそうだ。するとじっくり焼けるうえ、延焼することがない。また初年度は蕎麦などを蒔くが、三年目当たりからクヌギなどの苗も植える。それが育ち出すと土地を放棄するが、やがてクヌギ林になってシイタケ原木として使えるようになる。スギやヒノキの苗を植えることもあるそうだ。つまり焼畑は林業とつながっていた。

それなりに満足だったが、やはり火をつけたい。せめて燃え上がるところを見たい。

その願いは、ボルネオで達成できた。サラワクのイバン族は焼畑農耕を主とする。彼らの村を訪ねたのだ。熱帯雨林を破壊しているという少数民族の焼畑とはどんなものか。

幸いイバン族の村を紹介してくれる人がいて、現地とやり取りを繰り返して、だいたいの焼畑の日程を聞いて日本を発った。

もともと焼畑は、森の木を伐採後、ある程度乾燥させてから火入れする。だから雨が降ればまた乾くまで日延べする。それは日本でも一緒だったが、現代の日本では現場作業を手伝う人々（加えて取材するマスコミや研究者）の都合もあるので日程を簡単に動かせない。予定日が雨だったら、その年の焼畑はあきらめることもある。伐採後に雨が降りそうになるとブルーシートを被せることも、椎葉さんのところでやっていた。

ボルネオではそうも行かない。出たとこ勝負である。

ボルネオ（サラワク州）のルマ・サンパイという村を訪れた。村に着くなり焼畑の予定を聞く。

「昨日、火入れしたよ」

ああ、またしても遅れたか。

しょぼんとしつつ、案内してもらった。今年の焼いた場所は、村から近いのが救いだった。到着すると、急な山の斜面が黒く焦げていた。煙がまだ上がっている。

昨日からまだ燃えている最中だったらしい。ちょっと興奮。

さっそく斜面を下りた。黒く焼けてはいるが、伐採して倒した木々は、わりとそのまま残っている。完全に焼き尽くすわけではないのだ。むしろ焼くのは地表の草や枝葉らしい。太い幹部分は焼け残ったままにしている。

その中にイバン族の女性がいた。腰に竹籠をつけて、そこから種子をつかみだしている。見せてもらうと、さまざまな種類の種子が入っていた。陸稲《おかぼ》と野菜類らしい。手には細い棒（木の枝）があり、それで焼けた地面に孔を開けて、そこに片方の手で種を投げ入れる。そして軽く埋める。

私も体験させてもらった。棒で地面をつつくと、焦げているのは表面だけだ。黒い灰が積もっているところはふわふわ。そこに孔を開けて種を蒔くのだ。

中には、まだ赤くおき火が残っている部分もあった。うっすら立ち上る煙。そんな脇に

ボルネオの焼畑。
足元にはふかふかの灰が積もっていた。

も種を蒔く。十分育つそうだ。

日本の焼畑のような緻密さはないが、これこそ農耕の原初的形態だろう。地形は急傾斜で凸凹だから、直線的な種蒔きではない。むしろ、思いつくままに蒔く。種子の種類もこれがカボチャでこちらがトウモロコシ……と考えることなく、手につかめたものを蒔く。一つの孔に幾種類もの種を入れることもある。

焼畑の火は、土壌の殺菌殺虫効果があるほか、作物のライバルとなる雑草の種子も駆逐する。水分の蒸発で土もフカフカになる。同時に毛細管現象で地下の水を吸い上げる。だから蒔いた作物の種子はすぐに発芽して育つ。それが二年目、三年目になると雑草が勢力を取り戻す。すると放置して自然にもどす。農地と森を循環させるという点からは、非常に環境に優しいのである。

さらに五年前に焼畑をした場所にも連れて行ってもらった。ボルネオでは、焼畑をしても一年か二年で放棄する。だから訪れた場所は、放棄して四年経つわけだが……すでに緑に覆われていた。さすがに樹木の背は低かったが、放棄するとすぐに植物が茂り、森にもどっていく様子を見ることができた。

私は、村にしばらく居候したのだが、焼畑にこだわっていることを話していると、村長が「よし、連れて行ってやろう」と言い出した。

喜んでついて行く。車で少し走ったところだ。車から下りて道から少し奥に入ると、そこは山というより平坦なブッシュだった。

「ここを焼き払う」

そう言って、ライターで乾燥した草に火をつけだした。あまりに無造作だ。

が、私にもつけなさいと促すので、おそるおそる火をつける。燃え上がった。

これは私のために行ってくれたことなので、小規模だしその場かぎりの「焼畑」である。炎もあまり広がらず自然鎮火した。森というのは、意外と燃えにくい。とくにボルネオでは乾季でもしょっちゅう雨が降る。そのため木々や草、地面は常に濡れているのだ。

だから大きく森を焼き払うものではなかったが、おかげで私は念願の「森に火を放つ」経験をできたのである。

3 パワースポットは誰がつくる？

東京・日比谷公園を訪れた。

この公園は、日本で最初の洋風公園として知られる。設計したのは、明治・大正時代に活躍した林学博士・本多静六だ。世界中の公園のあちこちを切り貼りしたような形だが、それなりに面白い。

日比谷公園で開かれたイベントを見学した後に、園内をぶらりぶらりと歩くうち、大きなイチョウの木が見えてきた。巨木は私も好きである。だから近づいて行ったのだが……その木の周りに多くの人々が立っていた。

何か違和感を持った。単に多くの人がいるだけではなかった。全体に若者が多かったが、みんなイチョウの木の方向に顔を向けて囲むようにいる。そして彼らのほとんどが、手を大きく上にかざしているのだ。手のひらを開き両手を突き出している。中には目を閉じて恍惚とした顔を向けている人もいた。

な、なんだ？　これは宗教団体か。手かざし教団の集会か。しかし団体ではなく個人、せいぜい二、三人のグループの集まりらしい。

落ち着いて彼らを観察すると、多くは手のひらをイチョウに向けている。手のひらで何かを受け止めようとしている、ように見える。ちょっと、不気味。

イチョウの近くに案内板があった。それによると、樹齢は推定三五〇年だそうだから、江戸時代より生きてきたことになる。その歳月の長さと人の胸当たりの高さの幹の周囲が六・五メートル（直径約二・二メートル）という太さが、一般の樹木とは違う格のようなものを感じさせる。それに、周りに人が立っているから、その比較で樹幹の太さが強調されて圧倒される。このイチョウには「首かけイチョウ」という名がついているそうだ。

とはいえ巨木を取り囲む何十人かの人々が、

日比谷公園のパワースポット「首かけイチョウ」。
推定樹齢350年、幹周囲6.5mの巨木。

一斉に手をかざしている光景は、宇宙人に操られているかのよう。その後少し調べてみると、今やこのイチョウはパワースポットとして有名らしい。

手をかざすのは、木から放射される気（パワー）を受け止める、ためだという。パワーを得ると元気になれるそう。ここで、樹木から発せられる気とは何か、それは手をかざすと受け止められて人体に吸収できるのか……、なんて問い返してはいけない。

同じような光景を、全国各地で見かけている。

京都の鞍馬寺は、京都最強のパワースポットだそうだ。各所で手かざし女子と出会った。境内の由岐《ゆき》神社や大杉権現社付近にはスギの巨木があり、そこで手かざしするほか、山そのものを対象とする人もいるようだ。

さらに奥の院に入ると、六五〇万年前に金星から護法魔王尊が地球に降り立ったとされる魔王殿のほか、意味ありげな祠や巨石、滝もあって、手かざしのメッカ……、メッカではイスラム教になってしまうが、とにかくパワースポットぞろいなのだ。

何人かで訪れている場合もあるものの、一人のケースも多い。不思議と女子が多い。男単独の手かざしは滅多に見かけず、たいてい彼女と一緒のようだ。

奈良県の大神《おおみわ》神社にも、ご神木とされるスギがあり、手をかざす人が絶えない。列をつくって順番待ちをしている様子だった。私も並びかけたが、前の女性があまりに熱心に手かざしをしているので、すごすごと退散したのであった。

ただ、その年の初詣で地元の神社では御神籤《おみくじ》で「大凶」を引いていたが、ここで御神籤を引き直すと「大吉」だった。こちらの方でパワーをいただいた気分である。

手かざしするか否かはともかく、巨木や森そのものをパワースポットと見立てることは近年増えたと思う。

パワースポット。いつから、こんな言葉が広がったのだろうか。

ウィキペディアで「パワースポット」を引いてみると、〝日本では、一九九〇年代始めには超能力者を称する清田益章が「大地のエネルギーを取り入れる場所」として「パワースポット」という語を使用した〟とある。また荒俣宏の言葉として「パワースポットは大地の力(気)がみなぎる場所と考えればよい」と説明し、本来は信仰の場所、自然崇拝が行われていた場としている。

その〝大地の力〟の正体がわからないのだが……。

ただ昔から人には山や川、滝などの大地、さらに巨木や巨石などに神聖なものを感じる感性があって、それらに対面すれば自然と崇高な気分になる、癒される……といった精神的な変化はあった。それを今風な「パワースポット」と呼び変えたことで人気を博したのかもしれない。

ちなみに欧米では、ボルテックス、渦巻きの噴出する地という概念があり、これが日本で言うパワースポットに相当するらしい（これもウィキペディアの受け売り）。

私は、パワースポットを否定しない。

たしかに巨木、巨石を前にしたら圧倒される。また何かと〝感じる〟場所はあるものだ。私がもっとも感じたのは、沖縄の、ある小さな集落の裏山だ。そこに案内されると、ビンビンと脳内に響くものがあった。その森にはアカギやフクギの大木がうっそうと茂っていた。一番太いのは樹齢五〇〇年と伝えられるアカギだ。直径は一・八メートルにもなる。この地域はアサギ森（小玉森）と呼ばれ、聖域なのだそうだ。

その周辺には祠が設けられていた。また、極端に屋根が低い家屋もあって、そこで神事を行うそうだし、シバと呼ぶ拝所があった。

こんなところを訪れると、霊感のないことを自慢している私でも、感じる感じる。全身に不思議な感覚が走るのだ。いわゆる五感ではなく、心理的な圧迫感でもない。なんだ、こりゃ、という気分になる。

昔から神社を建てる場所は、そうしたところを選んできたのだろう。風水という概念も、元をたどればパワースポットの応用かもしれない。

パワースポットの存在を科学的に研究している人もいるそうだ。たとえば地磁気《ちじき》などが強い場所で、知らず知らずに人間の感覚器官に働きかけている、という見立てがある。さらに超低周波や電磁波が発生する場所、もしくは集中する場所、放射性物質の存在、自然界で電位差が生じている場所と説明しているものもある。

ここまで来ると、私は距離を置きたくなるのだが……。

ちなみに日比谷公園の「首かけイチョウ」は、由来が案内板に説明されている。

『この大イチョウは、日比谷公園開設までは、日比谷見附（現在の日比谷交差点脇）にあったものです。明治32年頃、道路拡張の為、この大イチョウが伐採されようとしているのを見て驚いた日比谷公園生みの親、本多静六博士が東京市参事会の星亨《ほしとおる》議長に面会を求め、博士の進言により移植されました。移植不可能とされていたものを、博士が「首にかけても移植させる」と言って実行された木なので、この呼び名があります』

ここで手かざしする人も、みんなこの案内板を読んでいるだろうから、何もこのイチョウが古い神秘的な伝説を持つわけではないと知っているはずだ。むしろ人間同士の生々しい逸話を持っているのだ。つまり自然崇拝的な「御神体」ではなく、また地磁気などを持ち出すのもおかしいことになる。

日比谷公園と同じく本多静六が設計したことで知られる明治神宮の森にもパワースポットはあるらしい。拝殿前の夫婦クス、宝物殿前の亀石、そして御苑の清正井《きよまさのいど》……。樹木に石に井戸。自然物とは限らない。そこには多くの人が集まっている。私の見たところ、手かざしより手を合わせている姿が多かった。

明治神宮は竣工してほぼ一〇〇年が経つ。人工の森でも聖域は生まれ、パワースポットになるわけだ。誰か「パワースポットのつくり方」を研究してみないだろうか。

私もせっかくだからと巨木の前で〝手かざし〟をしてみた。だが、何も感じない。どうやら私には〝パワー〟を受け止める能力がないようである。

4 森林セラピーで血圧が上がる

仕事に煮詰まる（飽きる）と、よく裏山の森の中を歩く。時間に余裕のある（仕事がない）ときも、よく裏山を歩く。

整備された遊歩道を進むときも、道のない森をかき分けてがむしゃらに進むときもある。ただ黙々と歩くと、さまざまな考えが頭の中を渦巻く。忘れていたことを思い出す。逆に悩んでいたことを忘れる。当然、書けない……と悩んでいたことも忘れる。

こんがらがっていた情報が不思議と整理される。たくさんの情報の中から取り上げるべきものを選択でき、書き出しの一文が浮かぶ。悩んでいたはずの原稿が、森歩きしているうちに（頭の中で）瞬く間に出来上がることも少なくない。俄然、仕事のやる気が湧いてくる（こともある）。心地よい疲れに身を任せて一日を終わらせることもある（こちらの方が多い）。さらに新しいアイデアが浮かぶこともある。目や耳、鼻に入る森の光景、音、香り……などの刺激が心身を穏やかにしてくれるようだ。すると新しい企画も浮かぶ。

だから、森は私の書斎だ、森の散歩も仕事の一部だ、と主張している。

私の主張に同意してくださる人は、全国に多くいるはずだ。森の小路を歩いたり佇むだけで癒される、ホッとするという経験を持つ人も多いだろう。だからハイキングは根強い人気だし、今は中高年や山ガールと呼ばれる女性に登山がブームとなった。もちろん男性にも森歩きや登山の愛好家は増えた。

一方で、登山やハイキングなどのアウトドア的な活動とは一線を画した森林浴、森林療法、森林セラピーという言葉も広がり出した。山の頂や縦走など目的地のある活動とは違い、速さを競ったりコースの難易度に挑むこともない。植物や鳥類、昆虫などの観察もしない。ときには歩かずじっと木陰で佇んだり座り込んだりする場合もある。つまり「森の中に滞在する」ことに意義を求める行為である。

しかし「森林浴」「森林療法」「森林セラピー」、これらの言葉の定義はみんな違う。そこで、登場するまでの経緯と内容を整理してみよう。

まず、もっとも早く登場したのは、森林浴だ。

この言葉が世間に登場したのは、一九八二年だった。ときの秋山智英・林野庁長官が森林散策による保養を提唱したことに始まる。森林には、フィトンチッドが漂っていて、香りによる清涼効果や生理機能の促進など優れた効果がある、それを浴びる「森林浴」を行うことで、健康・保養に国内の森林を活用しようと唱えたのだ。日光浴、海水浴などから連想した造語であろう。そして一世を風靡した。

おかげでフィトンチッド（ｐｈｙｔｏｎｃｉｄｅ）という言葉も森林浴とともに知られることになった。これはもともと一九三〇年ごろにロシアのボリス・トーキンが発見した植物の発する揮発性物質である。もっともその後、揮発性の低い物質を含む「植物が出す物質全般」を指すようになっている。

この言葉は「植物」を意味する「ｐｈｙｔｏ」と「殺す」を意味する「ｃｉｄｅ」を合わせてつくられた。そのままだと「植物の出す殺しの物質」となる。これでは「フィトンチッドの漂う森」がまがまがしいムードになってしまうが……。

フィトンチッドは、実際に植物にとっての敵、枝葉を食べる虫や病気にする菌類などを忌避する作用を持っていることから名づけられたのだろう。もっとも人間には、心地よく健康になる作用として受け止められている。

この森林浴とフィトンチッドという言葉は、森の中にいると気持ちよいということを広める役割を果たした。ただ、具体的にどんな効果があり、それは森の中の何が引き起こすのか、という点がはっきりせず、あくまで経験則と「気分」で留まっていた。

その作用を、科学的に研究する動きが一九九〇年代半ばより起きた。手がけたのは、上原巌・現東京農業大学教授である。

血圧、脈拍、あるいは脳波などのさまざまな生理的反応から、森林散策が人体に何らかの影響をもたらすことを証明したのだ。そして森林散策は、カウンセリングやリハビリ、障害者の療養、さらに幼児の保育・教育など広い分野に応用できることを提唱し、一九九九年の日本林学会で「森林療法」という言葉で発表した。

そこで定義づけられた森林療法は、科学的知見を元に「森林が人に与える健康増進、病気予防、リハビリテーション、リラクゼーション、療育、保育、教育など」全体を意味するとされている。

そこに新たな動きとして登場したのが、森林セラピーだ。

二〇〇四年、林野庁が主導する形で森林療法を地域おこしの観点から取り上げようと、「森林セラピー研究会」を立ち上げた。林野庁は、新たな森林利用の理論的根拠を得ようと考えたようだ。そして森林セラピー基地の設定・認定を始めた。つまり医療・福祉面よりも森林利用、地域おこし的な側面を強めたのが森林セラピーである。

なお「森林セラピー」という言葉は商標登録されている。ほかにも「森林セラピスト」「セラピーロード」が登録された。だから森林セラピーを行えるのは、審査を受けて合格し、森林セラピー基地、およびセラピーロードに認定された地域だけだ。言い換えると、森林セラピー基地でないと森林セラピーは行えないのである。

だから森林セラピーとは、森林療法の中でも限定的な部分を指す。端的に言えば、森林セラピー研究会（後に、NPO法人森林セラピーソサエティに衣替え）が認定したものだけだ。毎年のように新しい森林セラピー基地が認定され、そこでガイドとなる人材養成も行われている。

私自身も、森を歩けば心地よく、気分が晴れることは経験しているのだから、その効用を信じないわけがない。そして森林セラピーおよび森林セラピー基地を紹介する本も執筆した。そのため列島の北から南まで全国のセラピー基地を回ったのである。

取材では、実際に森林セラピーロードを歩いた。そしてコースを歩く前と終わってから血圧やストレスホルモンの測定をたびたび行った。セラピーの効果を確認するためだ。

残念ながら、いつも良好な数値が出たわけではない。歩く前より歩き終わってからの方が血圧やストレスホルモンの数値が高い結果が出たことも……。

私は取材で歩いたので、十分リラックスできなかったのかもしれない。しかし森林散策に「科学」を強調すること自体に違和感を持ち始めた。もっと「気の持ちよう」に左右されるものなのだろう。

取材の過程では、本には書けなかった幻滅する事実にいくつも出会った。

そもそも森林セラピー（と森林療法）は、少人数で行うものだ。とくに初心者は、ガイドに

〝癒される森の歩き方〟を導かれる。だが、森林セラピー体験のイベントでは、一〇人以上がぞろぞろと歩くケースもあった。雑談を交わしながら歩く人だっている。周りの景色を見るより隣の友人と話すことに熱中する人だって。

これで癒されるとしたら、それはおしゃべりによってストレス発散したのだろう。

某基地の森林セラピーの体験者による感想文集に目を通したことがある。

それは某大手家電販売店の従業員が福利厚生の一環で参加した際につくられたようだが、森林セラピーを施した後の効果として次のような言葉が並ぶ。

「来客に恵まれ、売り上げはバツグンです。このまま、上昇気流に乗り続けていけるか、自分を試していきたいです。」

「抜群の販売実績に、我ながら驚いています。店がヒマだろうが、私だけは忙しい！　状況です。」

「私自身、呆れるほどの売れまくり状態！　とんでもなくオーラが出ていたようで、競合他店に行ったお客様も、次々と、接客対応が違うと言って、帰ってこられました。」

ほかにも森林セラピーを行ってから「性格が変わり、友達が増えた」「仕事で大きなチャンスがつかめた」「運気が高まった」……等々。森林セラピーって、宗教的イニシエーションだったのか？　なんか、勘違いしている。

さらに私の所にも、森林セラピーを太陽の力を取り込むレメディ（これが何なのか理解できない）として広げましょう、と訪ねてくる人が現れた。

参加者、もしくは読者が勝手に勘違いしているだけではなさそうだ。森林セラピーを推進している側がマイナスイオンを持ち出したり、森林セラピーで「ガンにならない」身体づくりを唱えているのだ。そうした人物には、肩書に博士号がついた人もいる。ちなみにマイナスイオンは、科学的に否定された似非《えせ》科学である。

それだけではない。森林セラピー基地の認定を取るには、莫大な審査料がかかるのだ。審査を受けるだけで、約一〇〇〇万円。セラピーロードなどを整備する費用は別。さらに宿泊施設の指定やガイド組織の結成など課題は多く、コストは莫大だろう。山間部の小さな自治体が、それを捻出して支払っている。

そのうえ基地の看板のデザインは決められていて、設置にも指定の業者を使うように求められた話も伝わる。それが馬鹿高いのだ。癒着の匂いがする。

審査内容も、私は怪しく感じる。少人数（一〇人前後）の大学生を歩かせて、血圧やストレスホルモン値などを測定するのだが、その治験数では統計学的に無意味だ。各地で行ったバラバラの実験データを足し算するのもおかしい。森の条件や季節も人物も違う状態で計測したものを一緒くたにしてはいけない。しかも、すべてのケースに良好な結果が出るわけではない。

数値的に「癒されなかった」結果が出た森もある。

「それでも、合格通知は来たんですよ」と自嘲的に笑う担当者もいた。

実際に審査を受けて不合格になった例を私は知らない。

スタート時の審査を行った人物は、怒鳴り散らすことで有名だった。表沙汰にできない要求もあったらしい。そのため某地域で森林セラピー基地認定をめざしていた担当者は、鬱症状に陥ったという、笑えない実話まで飛び出した。

また森林セラピーガイドや森林セラピストの資格取得にも疑問がいっぱいだ。

大問題なのは、これらの資格を取得しても、使えるのは登録した森林セラピー基地内だけであること。全国どこでも使えるわけではない。

一方で各基地は、独自に地元の人を対象にガイドの養成を行っている。その地域の文化や森林の歴史、コースの特徴などを解説するために必要な知識を身につけるためである。そして森林メディカルトレーナー、森林セラピーアシスター、森林セラピーサポーター、森林セラピーマネージャー、森林セラピーアテンダント……なんともバラエティのあるような、ないような名称のガイドを設けていた。

たとえ、森林セラピーガイドや森林セラピストなどの資格があっても、地元のガイド資格がなければ森林セラピーを希望する来訪者を紹介されない。

そのうえ資格を取得するためには審査料、検定料、検定テキストやガイドブックの購入……と何かとお金がかかる。つまり「資格ビジネス」「認定ビジネス」と化している。

そして森林セラピー基地をオープンさせても、結果的に開店休業状態の基地も少なくない。単に「森林セラピー基地」の看板だけを掲げても、訪問者は増えない。森林セラピー基地に認定されれば観光客がたくさん来る、と期待いっぱいの自治体関係者もいたが、各地を回り、実態を知れば知るほど可哀相になる。

基地になった地域には快適な宿泊施設がないため、誘致した客は隣町のリゾートホテルに流れるケースもあった。それでは地元に恩恵がない。あげくにガイドを依頼せずに歩き、特別につくられたセラピー弁当も食べず、お土産も買わない客が増えたら、落とすのはお金ではなくゴミだけになる。

森林散策が心地よいことは、誰もが感じる経験則だ。しかしトンデモ科学の装いを施して、トンチンカンな期待だけが膨らまされているのが森林セラピーではないか。

こんなこと森を歩きながら考えると、癒しどころかストレスを感じてしまうのである。

5 月の魔力は樹木も変身させる

「新月伐採」をご存じだろうか。一時、林業や建築関係者の注目を集めたことがある。今も取り組む業者は少なくないだろう。

ようするに新月の時期に木を伐採すると、木材の質が大きく変化する（よくなる）という考えに基づく林業だ。乾燥しても反らない、割れない、カビが生えない、シロアリに食われない。さらにこの木で家を建てると燃えにくくて火事の心配が減るとか、シックハウス（新築の家で体調を崩す現象。主に建材の塗料や接着剤などが出す化学物質が原因とされる）にならない、それどころか家の中の空気が浄化されて体調がよくなる……なんとも魔法の木材に変身するというのだ。

新月とは、簡単に言えば月が空に見えない状態だ。月は三日月、半月、満月と太り、その後は日々痩せていく。そして最後に姿を消す。月が太陽と重なる位置関係にあるため、夜は空から消えるわけだ。ちなみに満月は月と太陽が地球を挟んで逆の方向にある状態。

新月伐採を世に広めたのは、オーストリア人のエルヴィン・トーマである。彼は森林管理官だったが、我が子がシックハウスになったのをきっかけに、祖父から聞いた伝承を元に「新月伐採」を試したそうだ。すると効果があったので、「新月の木」を扱う製材所と工務店を営むようになった。

その経験を元に執筆したのが『木とつきあう智恵』（日本で出版時の書名）である。ドイツでベストセラーになり、日本でも「新月伐採」はブームとなったのである。

少し詳しく見ると、新月伐採を行うのは新月の一日だけではないらしい。伐採時期と定める範囲は人によって違いがあるようだが、大雑把には、秋から冬の下弦（月が細る過程の半月期）から新月に至るまでの一週間ほどの期間とする。実質的に三日月の頃も含むだろう。また春夏は伐採しない。

時期だけでなく、さまざまな条件がつく。伐採した木は、谷側に倒さなくてはならないとか、長期間（数カ月）の葉枯らしを行うとか。葉枯らしとは、枝葉をつけたまま伐採木を林地で乾燥させることだ。運び出し、製材した後も人工乾燥（加熱装置による乾燥）はせず、天日による乾燥を行った木材を「新月伐採の木」としている。

そこで語られる理屈は、月の魔力だ。魔力と言うと怪しく感じるが、ようは引力のこと。月の引力は意外なほど影響力がある。地球の表面にある海水が引っ張られることで満潮や干潮を引き起こす。また地球そのものも、月の引力によって五センチほど歪むらしい。それほどの力だから樹木に影響を与えてもおかしくないというわけだ。ちなみに、満潮になるのは新月期と満月期の両方。引力の作用は、新月と満月で同じである。

月の魔力と聞いて思い出すのは、狼男伝説だろう。満月の光を浴びてオオカミに変身する話は、月の光に人を狂わせる何かがあるという考えが根強くあることを思わせる。

そういや「月」を意味する英単語には〝ムーン〟のほかに〝ルナ〟がある。ルナは、ローマ神話の月の女神の名だそうだが、ルナティックという言葉には「精神異常の」「狂人」という意味がある。昔からヨーロッパ人は、月が人間の精神に悪影響を与えると信じてきたようだ。それが狼男伝説を生んだのだろう。もっとも日本では「月がとってもきれいだなあ」と言えば、昔は「アイラブユー」の意味だった、とまことしやかに伝えられているが。

月が人間など生命体に与える影響はいろいろ指摘されている。たとえば「満月の夜は出血が多い」という経験則もあるそうだ。アメリカで一〇〇〇件の手術例を調べると、満月と新月の日の手術では出血が多いことを確認できたという。それが本当なのかどうか、私にはわからない。ただ新月伐採は「樹木版の逆狼男」なのである。

この伐採法を取り入れて、木材の販売を始めた林業地も日本各地にある。また新月伐採による建材を使った家づくりを行う工務店も現れた。

しかし、私はまったく別の機会に、新月伐採の別の顔に出会ってしまった。

あるNPOの設立シンポジウムの案内が届いたのである。それによると「後悔しない家づくりのためのネットワーク」づくりが目的だという。

木造住宅を推進する、という点に興味を惹かれて参加してみた。木造住宅が増えたら林業振興につながるし、林業は森林の生態系に大きな影響を与えるからだ。

ところが会場に着くと、入り口から違和感を持った。ネクタイ姿のサラリーマン然とした人々が数人立っていて、受付業務をこなしている。その様子がNPOらしくなかったからだ。ただ、結構多くの人々が詰めかけていた。

最初は主催者でもあるNPOの代表と建築系の大学教授が、壇上で対談を行った。教授は家づくりとは何かということを、自分の経験も交えて話す。代表は若い頃、木材商社に勤めていて、ボルネオで南洋材を伐採・輸入する仕事を行っていたそうだ。そこで木を伐りすぎた、という反省の言葉も出る。熱帯雨林の破壊に手を貸してしまった、というのだ。それとともに木造住宅の素晴らしさを語る。

なんとなく〝出来レース〟ぽい会話だ。打ち合わせ済なのか。

ただ海外の森林を伐りすぎたことを反省しながら、木造住宅のすばらしさを強調しているのだから、当然次は国産材の家づくりとなるだろうと予想した。外材を使わず、国産材を使うことが日本の森をよくする……と。

ところが彼らの話を聞いていると、日本の森林、そして林業に対して十分な知識がないようだ。国産材の流通システムをよく知らずトンチンカンな意見が出る。披露する森林や林業に関した数値も一〇年以上前のものではないか、と思わせた。

とうとう日本の森や国産材への言及がないまま対談は終わった。次に講師に立ったのが、意外なことに外国人である。紹介によるとオーストリア人。もっとも日本に住んで長いらしく、日本語も完璧だ。建築関係の仕事をしていると自己紹介する。

そして木材と環境に関する話から始まり、木造住宅がいかに人々の生活に適しているかと流暢にしゃべる。

その話しっぷりといったら、日本人よりプレゼンが上手い、と感心するほどだ。

やがて木材の乾燥の問題や伐る時期についても触れ始めた。たしかに樹木は伐る季節によって木材の含水率が変わり、その後の加工に大きな影響が出る。一般に春から夏にかけては、木が水を吸い上げる時期だから伐採に向かかない。

ところが伐り旬を季節ではなく「新月の時期に伐採した木」と言い出した。

新月に伐採した木から得る木材は、割れない、カビが生えない、シロアリにも強い、火事にあっても燃えにくい、接着剤を使っていないからシックハウスも心配ない、何百年も保たれる……。室内の空気を浄化してくれるから健康になれるとまで主張する。

さらに話は、新月伐採した木を木製ダボ（木ネジのようなもの）で接着した建材を紹介し始めた。一本の木から製材する木材は大きさが限られるから、それらをダボでつないで太く幅広くした角材である。

いよいよ舌の動きは滑らかになって、この建材のよさを訴え始めた。

ここにきて、ようやく気がついた。このＮＰＯは、オーストリアで生産された建材（もちろん、新月伐採による木材）の販売を目的としているのだ。決して国産材の需要拡大をめざしているわけではない。

会場から価格を尋ねる質問が出たが、値段は少し高めである。

「建材の値段だけを見てはいけません。家は長い間住むのですから長持ちさせることを考えるべきです。この建材の家は長く住めますから、決して高くないのです」

いやはや。完全にセールストークである。林業界、木材業界、そして建築業界で流行っている新月伐採の正体は見えた。

ちなみに研究機関によって新月伐採木材の試験も行われているが、唱えられるような不思議な性質は確認されないと報告された。新月伐採された木でも、割れもするし反りもする、カビも生える。もちろん、火にかざせば燃えるのである。

日本のある製材業者が新月伐採を試したところ、あっさりカビが生えたのでオーストリアのトーマ氏に報告したそうだ。すると「ヨーロッパと日本は微生物が違うから」と言い訳されたという。

そもそも樹木の中心部の木質細胞（木材になる部分）は、生物学的には死んでいる。それが月の引力によって、変化するのは無理だ。辺材（木の幹のもっとも外側）部分には生きた細胞があるが、仮にそこの水分量などが変化しても、木質に与える影響は微々たるものだろう。

実のところ、ヨーロッパの林業界の主流では、新月伐採は相手にされていない。月の魔力は、科学を装うのではなく、ロマンにとどめておいた方がよさそうだ。

6 古墳に興奮、盗掘土器をコレクション

私が住むのは生駒山の山麓。生駒山は、大阪府の中部と奈良県北部の境に南北に横たわる山地だが、子供の頃は大阪側に住んでいた。大人になった今は奈良側だ。だから「生駒山の裏も表も知っています」というのを決まり文句にしている。

最初に山頂まで登ったのは、小学一年生のときだったと思う。父に連れられて姉も一緒に登ったと記憶する。私はワクワク、ドキドキ、コーフンしっぱなしだった。生駒山は山頂に遊園地があるから、登頂後は遊園地で遊んだと思うのだが、覚えていない。登る途中の景色ばかりが記憶に残る。ただ帰宅後、熱を出して翌日は寝込んだ思い出がある。

それから幾度も登ってきた。何百回か、もしかして一〇〇〇回以上かもしれない。

とくにワクワクの対象となるのは、古墳群だ。生駒山の大阪側の山麓は非常に古墳が多い。中でも山畑古墳群は、一〇〇近くの大小古墳が密集している。今では東大阪市立郷土博物館が建てられて、古墳もいくつかはきれいに見られるように整備されている。わりと大きくて、保存もよい。

しかし私の子供の時代は、まったく放置状態だった。古い時代に盗掘にあったのか、あるいは発掘調査した後、石室の口を空けたままなのか。入り放題なのだ。

なかにはマットレスを持ち込んで住んでいる人もいた。その点も怪しく感じられて子供心をくすぐった。まさに古墳にコーフンしたと言えるだろうか。

羨道《せんどう》と石室の高さは二メートル近くあったから、子供なら立って入れた。奥行きは五メートルくらいか。石室の奥に入って座るとひんやり涼しいが、ちょっと湿っている。

しかし、中には狭いものもあった。草むらに覆われた入り口は這いつくばらないと入れない。そんな羨道を匍匐前進で進むと、広い石室に出る。しかも天井の一部に隙間があって、光が差し込んでいた。そこから覗くと、草の間から樹木や空が見えるのだ。秘密基地に絶好ではないか。ところが次に行くと、入り口が見つからない。もはや謎の古墳になってしまった。

今では、古墳の入り口に説明板が立てられてこぎれいになった。内部から外を眺めると、目の前に住宅が見える。宅地開発は古墳のすぐ側まで進んだようだ。

古墳だけではない。私の在籍した小学校は、当時児童数が爆発的に増えていて、増築を繰り返していた。別の小学校を開校して、同じ学年の児童が住まいの地域によって分けられることもあった。残された学校も二階建て木造校舎を解体して三階建て鉄筋コンクリート校舎に建て替えられることになった。

ところが基礎工事を始めると、縄文時代の遺跡が出てきた。すると発掘調査が必要となる。工事が遅れて校舎が完成しないと大変なのだが、それが在校生に別の楽しみを生み出した。基礎工事で掘られた土が積み上げられているのだが、その山から土器の破片が見つかるのだ。それを見つけるのが楽しかった。ちゃんとした土器類は発掘されて研究用に保存されるのだろうが、破片はそのままだ。おそらく、あまりにも出土量が多いので、全部調査するのをあきらめたのだろう。

夕暮れ、工事が終わった頃に、掘りに来る児童が何人もいた。みんな黙々と土砂をひっくり返し、土器の破片を探すのである。私も、あきらかに縄の紋様の入った破片をたくさん集めた。今手元にあれば、結構貴重なんだと思う。当時の私のコレクションは、父に捨てられた……。

生駒山麓は、縄文から弥生時代、古墳時代、そして近代までの遺跡が重層している歴史の宝庫なのである。

現在でも裏山（生駒山の奈良側）を歩くと、時折山の斜面に埋った土器片に目が止まる。地表の侵食が、少しずつ進んで埋もれていた土器が姿を現すのだろう。そこで木の棒で地面を少し崩すと、土器がざくざく出た。思わず掘る。掘れば掘るほど土器が姿を現す。持ち帰れないほどの土器の破片を掘り出した。そこで再び今度は小さな園芸用スコップのほか割箸など発掘に都合のよい道具を揃えて現場に行った。

実は、私は学生時代に古墳発掘調査のアルバイトをしたことがある。作業を指導したのは静岡市の登呂博物館の研究員。おかげで基本的な発掘方法はそこで覚えた。

掘り出した土器は、縄文式のような無骨なものではなく、薄く硬かった。後にわかったのだが、その辺りには古墳時代から奈良〜平安時代にかけての窯跡があり、都の瓦のほか、生活雑器の壺や皿、碗類を焼いていたらしい。窯跡の調査は行われたとのことだが、窯の周辺にはたいてい灰原《はいばら》と呼ばれるごみ捨て場がある。ようは、割れたり、焼き損ねた土器を捨てる場所だ。おそらくそこに行き当たったのだろう。

当時小学生だった娘とその友達を集めて発掘大会を開いたこともある。

すると大物を掘り当てた。どうやら大きな壺の足らしい。少し欠けた大皿も出た。

それらをどうするか。専門家に鑑定してもらおうと、子供らとともに奈良文化財研究所に持ち込んだ。

日曜日でアポイントなしだったが、たまたま出勤していた研究員が出てきて、一目で奈良時代から平安期の土器だと鑑定してくれた。

こうした発掘物は、本当は土中に埋もれている状態を記録することに価値がある。どんな重なり具合や場所だったかで年代も推定できるし、周囲の地形も関係してくるからだ。それを無視して掘り出してしまったのだから、これでは盗掘と一緒だ。つまり今私が持っているのは盗掘土器コレクションとなってしまった。

しかし、私にとっては宝物だ。ロマンの塊、ドキドキする代物なのである。

ところで私の土器コレクションの中には、一つだけ太平洋のフィジー諸島で発掘された土器が混じっている。

盗掘したわけではない。交換したのだ。

取材で片山一道博士（当時、京都大学助教授）を訪れたことがある。この博士は、世界中の遺跡を巡って、主にそこに眠る古人骨を調査しているのだ。骨から性別や年齢はもちろん、生前の生活や病気、死因まで読み取ってしまう。日本人の成立に関する研究も行っているが、もう一つ取り組んでいたのがポリネシア人類学である。太平洋に散らばる人々の起源を探っている。私は、そんな博士のインタビュー記事を手がけたのだ。

取材が済んでから、雑談の中で博士に自分の訪れたソロモンやニューギニアについて話した。こちらはメラネシアだが、南洋の魅力を語る点では同じだ。

その中で、ニューブリテン島タラセアの黒曜石の話をした。

私が「湖の怪獣」探しでタラセアの町を訪れたことは先に触れたが、ここには黒く光る石が至る所にあった。拾ってみると黒曜石だったのである。

黒曜石は石器の素材として最良の石だ。硬度が高く、ガラス質で鋭角的に割れるので、薄くすると刃物になるからだ。包丁やナイフとして使うだけでなく槍や弓の矢先にも使える。石器時代の武器や道具として、あるいは物々交換の品として重要な石だった。組成上は流紋岩の一種がガラス質になった石だが、火山岩の中でもちょっと特殊だ。産地は限られているのだ。

それがタラセアにはいくらでもある。道の敷石になっているほどなのだ。

私は現地で「黒曜石の産地であるタラセアは、世界の石器文明の中心で、縄文人もここから黒曜石を手に日本に渡って来た」というトンデモ仮説を思いついた話を、こともあろうにポリネシア人類学者に話した。もちろん戯れ言だが。

ところが、私がタラセアの黒曜石を持っていると言った途端、博士の目の色が変わった。

「ほんと？　そ、それ、譲ってくれないかな。そうだ、これと交換しよう」

そういって目の前にあったフィジーで彼自身が発掘したという土器の破片を差し出した。まるで他人の持つオモチャと自分のオモチャと交換を迫る子供のようだった。

私はその気合に押されるかのようにうなずいてしまった。

博士が私の黒曜石に執着したのにはわけがある。研究テーマにラピタ人がいるのだ。

ラピタというと『ガリバー旅行記』に登場する空飛ぶ島ラピュタや、その話に想を得たアニメ『天空の城ラピュタ』を連想する人がいる。もっともラピタ人は、そのどちらとも全然関係ない。元はニューカレドニア諸島の言葉だったはず。その島で発掘された遺跡の主役として名づけられた民族がラピタ人なのだ。

ラピタ人は、三六〇〇年ほど前にメラネシアに忽然と姿を現し、太平洋各地に拡散していった。人類史上初の遠洋航海をなし遂げた民族なのだ。非常に高い航海術と土器を製造する技術を持ち、栽培植物を太平洋の島々へ運ぶなど、文化の伝播にも貢献したようだ。

そして約二〇〇〇年前に忽然と姿を消した。いきなり彼らの存在を示す遺跡がなくなるのだ。一体どこに行ったのか。

片山博士は、この謎の民族こそポリネシア人の祖ではないかと考えている。

重要なのは、彼らが最初に登場したのが、ニューブリテン島を中心とする群島であること。しかも彼らは黒曜石を交易の品として使っていたらしい。黒曜石は石器として非常に重要だ。遠くフィジーやサモアでも黒曜石は出土する。黒曜石は成分を分析することで産地や加工年代を推定できるが、その多くはタラセア産だったというのだ。

博士はまだこの地域を訪れていないそうだ。そこに私が「タラセアの黒曜石、持ってますよ」と言えば……。

しかし、このラピタ人、どこからやって来たのだろうか。仮説の一つが縄文人らしい。事実、ラピタ式土器は縄文式土器と酷似している。縄文人が海に進出し太平洋に広がったと唱えるアメリカ人の学者もいる。

片山博士は、台湾あたりが起源という説を立てる。中国大陸から台湾へ渡った人々が海洋に進出し、南下した一群がラピタ人になったというわけだ。その際、一部は北へ向かい、縄文人に溶け込んだ可能性だってある。いずれにしても、ラピタ人と縄文人には共通点がある。ならばポリネシア人と日本人だってつながっているかもしれない。

私のかつての夢想は、結構いい線いっていた？（多分、違ってる。）

⑦ タケノコ掘りは里山を守る戦いだ

毎年春のイベントは、タケノコ掘りだ。

場所は、我が家が所有する山林。山林という言葉を使うのも恥ずかしいほど狭いのだが、雑木林に覆われている。ただ隣が竹林で、そこから地下茎で越境してきた竹が、我が〝領地〟にもタケノコを生やす。だから雑木林でタケノコ掘りをするという、ちょっと変わった状況なのだ。

成り不成りの年回りはあるが、一度行けば二〇本くらいは掘る。四月半ばから五月の連休まで少なくても数回は通う。ただし整備された竹林と違って、石や木の根の間から顔を出したり急な斜面に生えたりするので、結構掘るのも大変。掘る道具も、タケノコ掘り専用のクワよりも、でかいスコップの方が使いやすい。石や木の根をどかしたり斜面を崩したりしなければならないからだ。また掘る際に邪魔になる木の枝を払うためにナタも腰にぶら下げている。

〝雨後の筍〟という言葉どおり雨が降った翌日はよく出るから、そんな日は万難を排して行かねばならない。一日遅れたら、タケノコは地面から大きく飛び出し、一週間放置したらもはやタケノコではなく新竹になってしまう。

見つけ方も、雑木林だとなかなか難しい。地形の凸凹が激しいし、落葉もうずたかく積もっている。それでも慣れると、地面のわずかな違和感に気づく。

見つけたら穂先の周囲をスコップでざくっと掘る。その際に上手く地下茎から切断できたら、タケノコはポンッと飛び出してくる。一撃で掘れるのだ。これを成功させたら、結構な快感。

もっとも、すでに地上に数十センチも飛び出しているものも少なくない。なかには一メートル近く伸びて、もはやタケノコではなくなった代物もある。そんな新竹も掘ってしまう。もしくは地面近くで切断する。切るのに使うのはナタだ。面倒なときはスコップでたたき切る。若い竹なら十分切れるのである。

見かけは直径一〇センチ以上ある竹棹でも、まるで日本刀を振るったような感覚でスコップで切るのだから、これまた快感。実は一メートルくらい伸びていても、穂先の部分は食べられる。むしろこの穂先が美味い。

だが、毎回二〇本、三〇本と掘っていると食べきれない。正直、茹でるのも手間だし、食べても飽きてくる。タケノコは掘ったものの、その処分に困る。

その年の最初のタケノコは、もちろん自宅でも食べるし近所にも配る。しかし毎回何十本にもなると、嫌気がさす。配るにしても、二度目三度目となると、近所の人も有難迷惑がっている（私の個人的感想）。

そこで最近は、山林近くのレストランに納品することにした。タケノコ料理に活かしてもらえれば大量消費できるだろう。その代わりに飲み物をもらったり、料理を割引で食べたりできる。この季節だけ、タケノコは地域通貨となるのだ。

タケノコは掘らないでおくと、夏には高さ五メートル以上に伸びる。直径一〇センチ以上もある竹棹が、二か月くらいでそんな高く成長するのだからたまらない。回りの樹木を押し退け、その上に葉を広げたら、光も奪ってしまう。

その生長力は半端ではないのだ。だからタケノコはもちろん、すでに竹になってしまった分も処理しなければならない。だから私自身は「タケノコ退治」と呼んでいる。

私は、毎年タケノコを一〇〇本近く掘ったり切り捨てたりしているが、もしタケノコ掘りを休んだら、雑木林の中に一〇〇〇本の竹が育つということだ。それが二年三年と続けば、あっというまに雑木林が竹林になってしまいかねない。

ここで増えている竹は、主にモウソウチクと呼ぶ種類だ。太くて生長も早い。当然タケノコも太く大きい。これが全国の里山を席巻するほど増えている。

モウソウチクが増える理由の一つには、この種が外来種であることも関係あるだろう。江戸時代に中国からもたらされたモウソウチクは、竹材やタケノコの生産のために人家の近くに植えられた。当時は管理も行き届いた。しかし近年は竹材もあまり使われないし、タケノコは輸入品が増えている。そのため竹林管理が放置されがちで、野放図に増え出したのだ。そのため全国的に、竹林と言えばモウソウチクと言われるほどになった。

モウソウチクは日本在来のマダケやハチクなどより繁殖力が強い。寒さに強くて春のまだ気温が低いうちからタケノコが伸び、しかも伸びる速度が早いから、在来種も負けてしまう。在来種は、日本の生態系に適応して破壊的な増え方はしないものだが、外来種はそんなバランスを崩して増殖することが多い。

地下茎の伸びる力も強くて、地面下を潜行して竹林から何十メートルも離れたところに、いきなりタケノコを発生させる。竹の侵入を防ぐために地面に溝を掘ってトタン板を設置したところ、トタンを貫いて地下茎が伸びたケースもあるそうだ。もはやインベーダーかエイリアンのようである。

放置竹林の増加は、里山の大問題だ。竹は、どんどん面積を広げて従来の雑木林や休耕した農地などを侵食する。竹林の生物多様性は低いので、里山の環境が劣化することを意味する。竹に覆われた土地は、樹木はもちろん草も生えにくく、食べられる実や葉も少ないから昆虫や鳥も少なくなる。

竹林は、根と地下茎を張り巡らせるため地震や山崩れに強いと言われてきたが、最近の研究では、地下茎の伸びる範囲は地表近くで、あまり効果がないようだ。それどころか大面積の地表を一緒くたに剝がして崩れてしまうケースもある。

だから、せっせと掘らねばならない。そう、雑木林を守るためのタケノコ退治なのだ。

もっとも、ここ数年、異変が起きだした。

こちらが掘る前にタケノコが掘られた跡が見つかるのだ。

まず疑うのは、ハイカーである。無断で侵入して、勝手に掘られるのは気分がよくない。タケノコを掘るだけでなく山林そのものを荒しがちだ。掘った穴をそのままにしたり、ゴミを捨てていく。実際、お菓子の包み紙やペットボトルの放置が目立つ。

が、さらに上手がいた。その場で食い荒らす輩が現れたのである。

それはイノシシだ。

片っ端からタケノコを掘り起こし、かじっている。それもきれいに食べるのではなく、少しかじっては次に移るようだ。かなり行儀が悪い。

最初は、タケノコ退治にイノシシが加勢してくれているようなもんだ、と鷹揚に構えていた。ところが根こそぎやられると腹が立つ。せめて数本残しておけよ……と思わずイノシシに言いたくなる。だいたい掘り方が荒っぽい。スコップできれいに掘るのではなく（当たり前だ）、牙と前足で地面を掘り返すから、いたるところ穴だらけになってしまう。そこに雨が降ると水溜まりができたりして、土壌が流出しかねない。

どうやらタケノコは、イノシシの春の重要な餌となっているらしい。春の繁殖期に豊富な餌が得られるのは、増殖の助けになる。里山にイノシシが急増して獣害が発生しているが、タケノコの存在が影響を与えているようだ。

となると、タケノコを掘って持ち出せば、イノシシの餌を奪って増殖を止める効果もあるわけだ。ならばイノシシと競争で掘ろう。タケノコ退治は、里山の環境を守るため、地域通貨を得るため、欠かせないのである。

8 日本の山は野生の王国になった

学生時代、私は森林動物学を学んでいた。正確に言えば、農学部林学科の卒論で取り組んだテーマが森林動物の生態だった。ボルネオで野生のオランウータンを追いかけた経験が忘れられず、それを日本でもやろうと思ったのである。

晩秋の南アルプスの一角でニホンカモシカを追いかけてみた。テントを張って一晩過ごすと、外は雪景色になっていた。周辺を歩き回ると、すぐカモシカを目撃した。

最初、イヌか？　と思ったほど、小型だった。こちらは腰をかがめてそっと観察する。ところが、カモシカもこちらに顔を向けて動かない。見つかったようだが逃げない。これはカモシカの習性らしい。怪しげなものを見ると、逃げずにまず止まるそうだ。しかし、どちらが観察しているのかわからなくなった。お互い、じっと動かず見つめ合う……。

とうとう、カモシカの方が回れ右（いや、左だったか）して、去って行った。

その後、足跡を追ったが、再び姿を見ることはなかった。

これで気をよくして、山中をあちらこちらで探したが、二度と発見できなかった。この一回の邂逅が最初で最後になってしまった。その後、ノウサギの足跡を追いかけたりもしたが、野生動物の姿を見ることはなかった。

一週間山にこもって、カモシカを一度見かけただけ……という有様では、卒論にはならない。足跡や糞、食痕……などの動物の生活痕だって滅多に見つからなかった。

結局、卒論は森林性のアカネズミやヒメネズミの生息調査でお茶を濁した。

それはともかく、当時は野生動物を直に観察するのはもちろん、痕跡を探すだけでも大変な作業だった。それだけ野生動物は数が少ないと思われて、むしろ絶滅しないように保護しろ、という声が強い時代だった。

しかし気になる点があった。林業界では、地域によって獣害が大きな問題になっていたのだ。せっかく苗（とくにヒノキ苗）を植えても、動物に食われてしまうのだ。とくにニホンカモシカによる食害は深刻だった。問題は、その責任を巡って、林業家＋林野庁と自然保護団体＋文化庁（カモシカは、特別天然記念物に指定されていたため）の争いになったことだ。

議論になったのが獣害発生の理由だ。林業家はカモシカの数が増えていると言い、自然保護団体や学者の一部は、奥山の開発で追われて人里に出没するのだと主張した。それぞれの主張に各省庁がついたわけだが、世論は圧倒的に後者に味方したと記憶する。現代の日本で、野生動物が増えているという主張は賛同を得にくかったのだ。

近年、再び獣害がクローズアップされている。被害の出るのは山奥の造林地よりも人里に近い所が多い。目撃例も相次ぐ。今やイノシシ、シカ、カモシカ、タヌキやイタチ、ニホンザル、クマ。そして外来種のアライグマにハクビシン。野生動物を見るのは、そんなに難しくなくなった。ときに住宅街の中にまで出没する。

我が家の庭でウサギを飼っていたとき、悲鳴が聞こえて庭に駆けつけるとウサギを襲っている動物を目撃した。イタチだ。ウサギの首根っこに噛みついていた。急いで追い払ったが、ウサギはすでに絶命していた。その後、遺骸を段ボールに詰めて埋葬するつもりで置いていたら、再びイタチが襲ってきた。自分の獲物という意識があったのだろうか。今思い出してもムカつくとともに、怖くもある。さらに自宅周辺でタヌキを目撃することも珍しくなかった。

もちろん農山村でも激増している。今や林道を車で走ると、普通にシカやサルに遭遇する。サルの群が車の窓のすぐ側に見えることも珍しくない。夜間、ライトで周囲を照らすと、たくさんの光る目（おそらくシカ）が浮かび上がり、ゾクゾクするほどだ。

登山中にシカの群を見かけたとき、全然逃げないのでこちらが焦った。距離はわずか一〇メートルほど。そこで石を投げたら（シカを狙ったのではなく、手前に落とした）、逆に寄ってくる。石を餌か何かと思ったのか。これでは奈良公園のシカと変わらない。

東京二三区内でも、タヌキやアナグマのほか、アライグマやハクビシンといった動物も普通に生息している。気づくには、多少の知識や観察眼は必要だろうが、意外なほど身近に野生動物はいるのだ。

最近ではクマも珍しくなくなった。私もツキノワグマに遭遇したことがある。幸い、こちらは車の中だったから怖くはなかったが、必ずしも貴重な体験と言えなくなった。いまだにクマは絶滅危惧種だと言い張り、餌としてドングリを山に撒く団体まであるが、実態を知らなさすぎる。

ツキノワグマの推定生息数は、全国で一万五〇〇〇頭程度とされている。ところが毎年二〇〇〇頭前後、ときに五〇〇〇頭を超えて駆除している。いずれも人里に出てくるからやむなく退治したクマ数だ。事故死や病死、老衰死も加えたクマの死亡数はさらに多い。もし生息数が推定どおりなら、数年でクマは根絶やしになるはず。ところが、人里へ出没する回数は減らない。生息数は見直すべきだろう。調査方法を変えると、当初の四倍以上になった地域もある。北海道のヒグマを加えたら、いったい日本列島にクマはどれぐらい生息するのだろうか。

なぜ野生動物の目撃が増え、獣害も多く発生するようになったのか。

よく説明されるのは「奥山を人工林にしたから、餌がなくなって人里に下りてきた」という理屈だ。スギやヒノキなど針葉樹の人工林では、食べるものがないのだという。

それは正しくない。そもそも奥山の野生動物は増えている。

人工林でも、低木の広葉樹が侵入して生えており、餌となる植物は思いのほか多い。一部に林内が暗くて草の生えなくなった森林もあるのは事実だが、全体的には人が管理しなくなったことで、人工林内に雑木や雑草が生えたところのほうが多い。おかげで草食性の動物にとって、人工林も食べ放題の餌場なのだ。

だから人里で見かける野生動物は、奥山から移動してきたのではなく、むしろ奥山が過密になったから里へと生息域を拡大したと見るべきだろう。奥山と里山を縦横に行き来している可能性もある。これまで里には人がいるから警戒したが、過疎化によって集落内に入っても追われなくなった。しかも美味しい野菜などがある。病みつきになっておかしくない。

二〇一一年の全国の推定生息数は、イノシシが約八八万頭、シカは約三二五万頭。これだって控え目の数字だが、五〇年前の約一〇倍である。

なぜ増えたのか。まずイノシシやシカは、増殖率が高い。イノシシは、一年半で成熟し毎年五頭前後の子を産む。いわゆるネズミ算式の増え方だ。寿命は一〇年近い。八回出産すれば生涯出産総数は四〇頭にもなる。

シカは一度の出産数はたいてい一頭だが、二年で性成熟し毎年出産するうえ、高齢になっても産み続ける。メスの寿命は約二〇年とイノシシより長く、出産総数は多い。

そのうえ近年は、野生動物が死ににくくなった。暖冬で積雪が減った（冬期に死亡しなくなった）ことも関係あるかもしれない。しかし最大の理由は、餌が豊富になったことだろう。栄養状態がよければ病気や怪我になっても生き残りやすい。

そこで私は、シカやイノシシの餌となるものがどれだけあるか、初冬の奈良の里山を歩いて見て回った。冬の餌の量が、野生動物の生息数を決めると思われるからだ。

すると意外なほど餌は多かった。

まず開けた土地に生える雑草にはクズが多かった。その根は栄養価の高いデンプンを豊富に含む。かつてクズの根は葛粉の原料として重要な林産物だったが、今では掘る人もほとんどいない。イノシシには美味しい餌となるはずだ。同じく竹林のタケノコも餌として重宝されているのは前章に記した通り。

道路にも意外な餌が大量にあった。法面《のりめん》だ。山間部に道（林道・作業道を含む）を通す際、山肌を削って切り開くが、その斜面に光が入り草が生えるのだ。それが外来牧草の場合も多い。開削時に土留め用に牧草種子を吹きつけたのだろう。家畜の餌として品種改良された牧草は、冬も青々と茂って非常に栄養価が高い。当然、野生動物も好む。

さらに大量の餌は、人里近くの農地にあった。

それはいわゆる被害となる農作物だけではない。もっと大量に、勝手に食べても人が怒らない餌があるではないか。

それは農業廃棄物だ。冬の畑には野菜や果物が山ほど放置されていた。農作物に不良品の発生はつきものだ。間引きしたものや虫食いの作物は、そのまま畑に捨てられる。白菜やキャベツのような葉物野菜も外側の葉は剝いで捨てる。また自家用菜園では、食べきれずに育った作物をそのまま放置するケースも少なくないことに気づいた。柿や柑橘類などの木の実も収穫されることなく、木に稔ったままだ。その総量は膨大だろう。

廃棄物を食べられても農家は「被害」と思わない。だからシカやイノシシがそれらを食べていても追い払わない。だが作物の味を覚え、人は怖くないことを覚えたら、野生動物は人里を闊歩するだろう。

農地の雑草もびっくりするほど多いことに気づいた。冬だというのに、草がいっぱいだ。稲の最近の品種は、(本州では)一〇月までに稔って刈り取るようだが、まだ温かい日が続くから、切り株からヒコバエが生える。そこに稲穂もついて米が稔っていた。これも野生動物には美味しい餌となるだろう。

滋賀県の研究所で、田畑に生える雑草の重量を調べた記録があった。一アール(一〇メートル四方)で約一〇キロになったそうだ。

草はシカだけの餌ではない。イノシシやサル、クマなど雑食性の動物にとっても、草類は重要な餌だ。とくに最近は植物しか食べない〝草食系クマ〟が増えているという。

　そして肉食系のクマにも、有り難い餌が提供されていた。

　イノシシやシカの駆除が進められているが、仕留めた個体を食肉用に持ち帰る分は一割に満たず、たいてい現地に埋めるか捨てられる。二〇一〇年の捕獲数は、シカは四一万五五〇〇頭、イノシシは三九万五〇〇頭だ。その遺骸がクマの餌になる事例が報告されている。皮肉なことに駆除したシカやイノシシがクマの餌になっているわけだ。

　どうやら日本の山野には野生動物が生きていくのに十分な〝食料〟があるようだ。おかげで栄養状態がよくなって冬を乗り越え、出産もしやすく幼獣も育つ確率が高まる。生息数が増えないわけない。

　日本の山は、野生の王国なのだ。

9 一万匹のオオカミを野に放て

紀伊半島の山間部を回っていると、ニホンオオカミを探している、というポスターをよく見かけた。どうやらオオカミの目撃情報を探しているらしい。さらにニホンカワウソも探しているらしい。どちらも、絶滅したとされる種だ。

あまりに頻繁にポスターを見かけたので、その連絡先を訪ねてみた。奈良県で印刷業を営む人だった。なるほどポスター印刷はお手の物だったわけか。

紀伊半島のどこかにニホンオオカミは生きている、と信じて仲間と会をつくって探索をしているのだという。

ニホンオオカミは、通説では一九〇五年に奈良県東吉野村鷲家《わしか》で最後の一頭が捕らえられて滅んだことになっている。正確に言えば、この一頭を最後に発見されていないのだ。そしてこの個体はアメリカ人の動物商マルコム・アンダーソンに買われて、現在はイギリスのロンドン自然史博物館に毛皮と頭骨が保管されている。

実は、その後も目撃例や捕獲例はそこそこある。中には戦後になってからオオカミと似ているとされる動物も捕獲されている。だが、確実にニホンオオカミと言えるものは、東吉野村が最後なのである。

ニホンオオカミの説明をしておくと、大陸に分布するハイイロオオカミの亜種とされる。ただし別種説もある。体格はかなり小さく、世界最小のオオカミだ。おそらく日本列島に隔離されて小型化したのだろう。ただ毛皮や骨格標本は非常に少なく、形態も生態も詳しいことはわからない。北海道にいたエゾオオカミもハイイロオオカミの亜種とされるが、非常に大型であるのと対称的だ。

素人目にはイヌと区別することさえ難しいが、昔からオオカミを神様とする信仰が各地にあり、神社に祀られている。魔除けや憑き物落とし、獣害除けなどの霊験を持つ狼信仰があったのだ。

ややこしいのは、江戸時代の文献にオオカミ（ニホンオオカミを指す）とは別のヤマイヌという種がいるとされていることだ。ヤマイヌはオオカミより大きいが、信仰の対象になるような神秘性はなかったらしい。今ではヤマイヌが存在したのかどうか謎になっている。

ともあれニホンオオカミは、江戸時代なら本州から四国、九州まで普通にいたとされるが、江戸時代後期になると急減した。その理由もはっきりせず、狂犬病やジステンパーの蔓延とか、新式銃の普及で駆除されたとかいろいろ言われるが、謎のまま。

ようするに謎尽くしなのだ。姿形もはっきり再現できないし、絶滅の理由もはっきりしない。ヤマイヌと同種なのか別種なのかもわからない。ともあれ幻の動物というのは、人々の心にロマンをかき立たせる。

そしてニホンオオカミはまだ生きている、と探す人々が各地にいる。紀伊半島は終焉の地ということもあって、わりと昔から生存説が根強いが、ほかにも秩父や九州にオオカミの生存を信じている人がいるようだ。

第一回ニホンオオカミ・フォーラムが、東吉野村で開かれた。そこに全国からニホンオオカミの生存を信じる人、信じたい人、ロマンに浸りたい人……が参集した。紀伊半島周辺だけでなく、全国から集まったのである。私ももちろん参加した。

みんなが自身の体験談や、ニホンオオカミに対する想いを発表する。正直、「イヌとは思えぬ遠吠えを聞いた」とかおかしな足跡を見つけた……という話であり、信憑性に欠けるのだが、聞いているだけで面白い。一方、紀伊半島のどこそこには人跡未踏の深い谷がある、あそこに隠れ住んでいるのではないか……と期待を込めて熱く語る人もいる。

それでいいと思う。真偽を論じても結論は出ない。むしろ夢を温めるのが目的だろう。私は、そう思って聞いていた。

ただニホンオオカミを巡っては、まったく別の意見が存在する。

それは、ニホンオオカミは絶滅した、という考え方に立つ。そして生態系ピラミッドの頂点にいた肉食獣のニホンオオカミがいなくなったから、シカやイノシシが増えすぎて日本の生態系は狂ったのだ、そこで改めてオオカミを導入して野に放つべきだ、という意見である。意見というより運動というべきか。アメリカやヨーロッパの一部で他地域のオオカミを放した実例もあるというのだが……。

まったく理解できない。

そもそもニホンオオカミは絶滅したとするなら、どこのどんなオオカミを野に放とうと、それは別種。ニホンオオカミがハイイロオオカミの亜種だとしても、ハイイロオオカミはニホンオオカミと同じではない。つまり外来種だ。欧米の例は、オオカミがいなくなった地域に、別の地域から同種のオオカミを運んで放ったものだ。

生態系が乱れたと言いつつ、外来種を導入してどうするのか。亜種ならよい、という意見もあるが、それならばイヌもハイイロオオカミの亜種とする説にどう応えるのか。

だいたい江戸時代から農山村では獣害が深刻だった。それはさまざまな文献に登場する。農産物を荒らす野生動物は少なくなかった。当時はニホンオオカミも生息していたが、害獣の生息数を抑える役割は果たしていなかったわけだ。

明治以降は新式銃の導入もあって、シカやイノシシなど獣害発生源の駆除に成功する。カモシカは特別天然記念物に指定されるほど数を減らした。戦後になると、カモシカだけでなくシカにも禁猟期間を設けるなどの措置が取られた。

ところが一九八〇年代になると農作物被害が目立ちだした。姿も頻繁に目撃され、もはや絶滅危惧を唱えることは難しくなった。

つまり、オオカミの絶滅から八〇年ほど経って獣害が発生し始めたのだ。オオカミがいないから獣害が発生するという理屈は、時代に合わないのである。

それでも仮にオオカミを放したら、シカを捕食してくれるだろうか。そして、獣害を抑える効果は多少ともあるだろうか。

ニホンオオカミの体重は、成獣でも一五〜二〇キロだったとされる。一方で、シカは成獣で三〇キロ、オスなら七〇キロにもなる。ニホンオオカミと同じ体格のオオカミを導入するとしたら、シカを襲うのは簡単ではない。意外とシカは強敵なのだ。野犬がオスジカに後ろ足で蹴られて大怪我した事例もある。

イノシシは巨大な牙を持ち、抵抗力も強い。ツキノワグマは獲物にするには大きすぎて危険な動物だ。それより日常的にはノネズミやノウサギ、タヌキ……といった小動物を餌にするだろう。さらに家畜や家禽、イヌ、ネコなどペットの動物も狙い目だ。

それでもシカ以外の獲物を計算から外し、仮に一週間で一頭のシカを捕食するとしよう。オオカミは群で狩りを行うはずだが、とりあえず一匹がシカ一頭を仕留めるとして、一年間で約五〇頭。超ご都合主義の設定だが……。

二〇一〇年のハンターが駆除したシカとイノシシはそれぞれ四〇万頭前後であると前章で記した。それでも獣害は減らない。倍以上捕獲しないと獣害の抑制にならないと言われている。それだけの数の駆除をオオカミに頼るとすると、一万匹近く必要だ。

一万匹のオオカミを野に放つか。繁殖させるか。林業家も登山者も怖くて仕方がない。これは本州、九州、四国の話。エゾジカのいる北海道は計算に入れていない。

「ニホンオオカミは人を襲わない」という言説も出回っているが、絶滅した動物の生態などわかるはずない。生息していても、条件次第で行動様式を変えるものだ。イヌは人を襲わないとされるが、飼い犬でも人を襲うことがある。ツキノワグマやヒグマさえ、〝通常、人を襲わない〟と言われてきたが、近年は人を襲うケースが頻発している。飢えたオオカミにとっては、素早いシカより鈍臭い人間の方が獲物にしやすいはずだ。

こんな計算をするのは馬鹿げているかもしれない。なぜなら、オオカミを野に放つ発想の元は、「日本の野山にもオオカミがいてほしい」という願望、ロマンだからだ。生態系の維持とか獣害の抑止などは、後づけの理由なのだろう。

先のニホンオオカミ・フォーラムでも、外来種オオカミの放獣計画の話題を持ち出した人がいた。残念ながら、会場で総スカンを食っていた。集ったメンバーは、ニホンオオカミの夢を語りに来たのであって、海外からオオカミを連れてきて日本の山野に放つことの是非を論じたいわけではなかったのだ。

夢は夢。ロマンはロマン。そして獣害は獣害。外来種でオオカミ復活なんて戯れ言は口にせず、今のまま幻にしておいてほしい。

10 白神山地のブナは水を湧き出すか

青森県側の白神山地を訪れた際、森林ガイドをお願いした。

個人でも森は歩けるのだが、短時間しかない場合は、ガイドをつけた方がよい、というのが私の経験である。訪れるところの地勢は多少勉強しておくにしても、初めてではわからないことも多い。道に迷う心配というより、本当の見どころ（ガイドブックに載るようなところではなく、地元の人だけが知っている穴場や知識）を訪れるチャンスを逃したくないという想いからだ。

さて、現れたガイドは中年の女性だった。ちょっと驚いたが、すいすい山を登る。一緒に歩きながら話していると、健脚なのも道理、いつもは沢登りをしているそうだ。白神山地は至る所に沢がある。沢登りは技術を要するうえに体力もいる。森の知識も豊富で、ガイドとしては申し分なかった。

彼女が言うには、「白神山地は原生林ではありません。幾度か伐採された跡に生えてきたのがブナですよ」

と、森の中の点在する切株を指さした。さらに炭焼き窯跡も教えてくれる。なるほど、明らかに伐採が行われた証拠だ。炭焼き窯は苔に包まれ天井が崩れていたが、そこに一定期間暮らした人々の生活の臭いがした。

「ブナの原生林」を売り物にしている世界自然遺産の白神山地で、こうしたことを率直に言ってくれるガイドは優秀である。ちなみに案内書には「ここには人為の影響をほとんど受けていない世界最大級の原生的なブナ林が分布」とある。もちろん世界遺産地域のコアゾーンとバッファーゾーンの違いはあるが、ブナ林は人が手をつけないところに残っている、と誘導しようとしているかのようだ。それをガイドが覆《くつがえ》すのは素晴らしい。

江戸時代から白神山地では盛んに伐採が行われた。木材採取というより主に薪にするためである。東北の厳しい冬を越すためには、大量の暖房用の薪が必要だったのだろう。江戸後期にこの地方を旅した学者が描いた風景画には、河原に大量の薪が山積みされている様子や、伐採しすぎてはげ山の広がる景色が登場する。

主要ルートだけでなく、少し脇道にも入った。こうしたコースを案内してもらえることがガイドをつけた際の醍醐味である。

そこで水辺にある草を少しちぎって、口に含んでみることを勧められた。「これ、山菜です」ミズというそうだ。正式名称はウワバミソウ。でも、世界遺産の中で植物の採取はまずくないですか。味はよいけれど……。

「昔から山菜採りは山の暮らしの一部ですから」

杓子定規な案内でないところも嬉しい。森林ガイドの役割は、観光的な説明に終わらず、森林の本当の姿、人との関係を伝えてくれることが一番望ましい。

ところでブナ林と言えば、水との関わりが深い。「ブナは水を生み出す」と言われることもある。「一本のブナの木から八トンもの水が湧き出る」とものの本には書かれていた。ブナ林の保水力が高いことを示そうとしているのだろう。

だからブナを植えると、水が増えるという。

そんなバカな。ブナに気候を変えて降水量を増やす力があるわけない。逆にブナが生きていくために水を吸い上げて、地中の水分量を減らすだろう。水の多いところにブナがよく生える、とするべきではないか。

ブナが生えていると、その落葉などが積もり分解されて土壌が厚くなる、そこに水を溜めるという説明もある。だが、落葉を落とす樹木はいっぱいある。それに一センチの土壌が形成されるのに何十年かかるか考えてほしい。植えたブナの苗が大きく育って落葉を大量に落とすまでにも数十年かかる。一〇〇年単位の時間が経過しないと土壌は豊かにならず、ましてや保水力は増さない。また腐葉土はせいぜい数十センチの厚さであり、何百メートルもの山体と比べて皮膜のようなものだ。ここに溜まる水の量などしれている。

むしろ土壌が薄く乾燥した土地にブナの苗を植える行為に疑問がある。育つだろうか。ブナは湿潤な土地に生える木だから、下手したら枯れてしまう。

そんなことをガイドと話した。私は、自身が森林に関わる仕事をしていることは話さなかったが、ノッてくるとガイドもどんどん話してくれる。

研究者でなくても、毎日山を見て変化を感じ、そこの歴史を掘り下げたら、自然と山の生理がわかってくる。ブナ林のすばらしさを強調するのもよいが、真実の姿を知ってもらうことが白神山地のガイドの役割だろう。原生林を有り難がる一方で、一切の人為を否定するのではなく、人の営みがつくる美しい森にも眼を向けたい。

しかし「ブナが水を生み出す」という発想は、なんだか神秘的だ。ブナ林は美しいと私も思う。だから余計に、ブナの神性を高めたいと思う心理が働くのかもしれない。

それは何もブナに限ったことではない。

兵庫県香美《かみ》町の瀞川平《とろかわたいら》にある但馬高原植物園には、〝和池《わち》の大カツラ〟と呼ばれる巨木がある。幹回り一六メートル、高さ三八メートル。樹齢一〇〇〇年を超えるとされる。

このカツラの根元には大量の水が流れているのだ。水量は一日に五〇〇〇トンにも達するらしい。「かつらの千年水」と呼ぶが、園内を流れて池をつくる。そこには水の中で花を漂わせるバイカモ（梅花藻）が繁茂していた。水温は年間を通じて約一〇度に保たれているという。池からさらに園外に流れて、流域集落の生活水や農業用水として利用されている。「平成の名水百選」に選ばれている。

この千年水も見応えのある光景だったが、水の湧き出すところを探して流れを遡ると、別の大カツラがあり、水はその根元から湧き出ていた。ぼこぼこ、音を立てている。この光景を見たとき、本当にカツラから水が湧き出しているように見えた。

冷静に考えれば、カツラが水を生み出すわけがない。おそらく水の湧き口にカツラが生長して、泉をカツラの根が覆ってしまったのだろう。

カツラは、水分の多いところによく生える。泉の近くに根を伸ばし生長を続ければ、やがて湧き口を覆う。それを人が目にすると、カツラの根元から水が湧き出したように感じるだろう。そしてカツラは水をつくる、と思う。だが、森と水を神秘的な存在に祀り上げる前に、よく考えてほしい。

水源林という言葉があるように、森が水を生み出すという発想は根強い。しかし、森林は樹木など生物の総体であり、生物は水を消費する。光合成だって、二酸化炭素と水を光のエネルギーで分解して酸素を放出し、炭水化物をつくるのだから、水を減らしてしまう。また降った雨が枝葉につくと、多くはそのまま蒸発する。だから土中の水分を増やすには逆効果だ。

雨が降る広い森林地域はたしかに水の源ではあるが、そこにたっぷり水があるわけではない。森林とは、いわば漏斗《じょうご》の広い口だ。降雨を受け止める部分である。

森林に降った雨雪は地中に染み込み、森林地域の下流に当たる部分、たとえば谷間や崖などから水が湧き出る。あるいは扇状地のような地下に水が集まっている。そこが漏斗の細い口の部分である。

だから外国資本が水資源を手に入れるために日本の森を買っている、という噂もおかしな話である。水源林を手に入れて、井戸を掘ってもたいした量の水は汲み出せないだろう。また奥山から汲み出した水の輸送も難しい。水資源が目的ならば、森ではなく下流の扇状地の土地を購入した方がいい。

それに外国資本が森を購入した金額は、一部公表されているものによると、山林価格としては相場より高すぎるように思う。むしろ買い手のつかない森を法外な値段で売りつけられた外国資本は、原野商法の被害者？　と思ってしまうのだった。

11 「本物の植生」はどこにある

「生駒山系元気な森と地域づくり研究会」のメンバーだったことがある。

会の名称だけ聞くと、自然保護運動などをやっているNPOみたいだが、実は大阪府の外郭団体の主催で、生駒山の大阪側、とくに府立公園の自然を考える審議会であった。学者が多い中で、私はセミプロ的な位置というか、むしろマスコミとか公園を訪れる市民の視線をカバーする立場で参加したというべきかもしれない。

話し合う内容は、主に森林公園の植生の管理方針を決めることだ。具体的には照葉樹林化の進む園地を若返らせ、美しくするための方策づくりが仕事だった。

ここで照葉樹林と落葉樹林について少し説明しておく。

照葉樹は常緑広葉樹とも言うが、比較的暖かい地域に生える広葉樹と思えばよいだろう。その名のとおり、テカテカと光る分厚い葉っぱを持つ樹木で、わかりやすいのはツバキとかサザンカ、神棚に供えるサカキ、仏花のシキミなどだろうか。ほかにもアラカシ、タブノキ、ソヨゴ、アセビと種類は多いが、照葉樹の優占する森林が照葉樹林だ。

この樹木の葉は分厚いので光を通さず、外から見ても黒々としている。また秋に紅葉したり葉を落としたりしない。古い葉は徐々に落ちるが、一斉に落葉しないので常に林内は暗いままだ。そのため地表に草が生えにくく、虫や鳥獣の数も減る。

それに比して落葉広葉樹は葉が薄く光を通しやすい。茂れば林内は暗くなるが、秋に葉の色を赤や黄色に変えて落葉し、冬の間は葉がなくなるから明るい林になる。

樹種にはブナやミズナラ、コナラ、クヌギ、ヤマザクラなどが有名どころ。明るい土地に生え生長の早いものが多い。春先には光が地面まで射し込むから、早春に草花が生えやすい。カタクリの花が咲き乱れる風景も落葉広葉樹林ならではだ。そして新芽も一斉に芽吹く。新緑も紅葉も目を見張る。だから美しい森の代名詞になりがちだ。

生駒山は、戦前までほとんど樹木のない草山だったらしい。農家が堆肥にするため草を定期的に刈り取っていたから、背の高い樹木は育たなかったのだろう。戦後は放置が進み、まず生長の早いコナラなど落葉広葉樹が生えてきた。

私の子供の頃の生駒山は、山頂部が草原で、中腹が落葉広葉樹林に覆われていた。今思えば、美しい景色だった。

ところが、落葉樹の下から照葉樹が生えてくる。落葉樹の稚樹は暗い樹の下では育たないが、照葉樹は伸びられるからだ。そして、いつしか落葉樹の背丈を追い越す。落葉樹は枯れて、照葉樹の森に入れ代わる。

だが照葉樹林では、紅葉を楽しめないし、春先の草花も少なくなる。正直、そんなに美しく見えないだろう。

前置きが長くなったが、それをなんとかしよう、という審議会なのであった。

対策としては「照葉樹を適度に伐って落葉樹も生やす」である。ただし、公園内の大木を伐採したら、ハイキング客の不興を買ってしまう。「自然破壊だ！」と騒がれると、作業が中止に追い込まれたりもする。

また伐り方も重要だ。森林生態に詳しくない業者に依頼したケースでは、細い木ばかりを伐ってしまった。大木は見映えがいいから残し、細い木を伐る方が楽だからだろう。混んでいた林内は見通しがよくなった。だが高木が残されているので、相変わらず林内は暗いまま。これでは森の植生を変える効果は出ない。

だから林内の暗さが解消するほど、大胆に伐採する必要がある。いろいろ議論を重ねつつ、最初の伐採が府立公園の一つで実施された。いわゆる小規模皆伐を行ったのだ。半径数十メートルの区域の樹木を全部伐って明るくし、また落葉樹が生えることに期待した。照葉樹との共存が狙いである。

だが。その後、大阪府知事の交代により予算が大幅カットされて事業は尻すぼみになったのである……。

照葉樹林は暗くて、美しい紅葉も見られないから、あまり好まれないと説明した。ところが、「照葉樹こそ、〝本物〟の植生だ」という声がまったく別のところから高まってきた。火つけ役は某大学の名誉教授である。

その根拠は、西日本から東北南部は、もし人の手が入らなかったら照葉樹林になるからだという。人為的な影響を排した植生こそ「本物」であり、それが照葉樹林だというのである。現在の西日本には落葉広葉樹林も多いが、これは縄文時代から人間の手で伐採や焼畑、野火などで植生が変えられたからだ。その証拠に、人為が入らない神社仏閣の〝鎮守の森〟の多くは照葉樹林である……。

そして照葉樹の苗を植える森づくりを進めている。自然に植生が移り変わるのを待たずに、いきなり最後に生えてくるであろう樹種を植えるわけだ。

一見、なるほどと思わせる。

しかし「本物」ってなんだ？　自然の植物に本物や偽物があるのか。

「鎮守の森にこそ〝本物の植生〟がある」「照葉樹こそ〝本物〟だ」と強調され、あげくに植えるのは照葉樹ばかり。とくにタブノキは火事に強い、地震に強い、津波に強いとやたら信奉する。そんな声を聞いていると、ふつふつと疑問が湧いてくる。

植生とは、徐々に変化するものだ。それを「遷移」という。裸地には最初、乾燥に強い地衣類が生え、次にコケ、さらに草が生え、落葉樹が生え、やがて照葉樹に変わる。また低木が高木になる。それぞれが〝本物〟だ。

現実には、鎮守の森も人の手が相当入っている。昔から薪や用材の採取が行われていたのだ。そもそも日本に人為の及んでいない土地など、ほぼ存在しない。

それ以上に重要なのは、落葉樹であろうが照葉樹であろうが、そこの環境に適した種が生えてくるということだ。裸地にいきなり照葉樹の苗を植えるのは、本来適していない環境に植えることになり、植物虐待ではないか。

某スーパーマーケットチェーンでは、この名誉教授の指導による「本物の植生」の森づくりを全国で行っている。もちろん照葉樹ばかりを植える。しかし一年後その場所を訪れたら悲しい状態だった。

かんかん照りの下、植えた樹木の苗は雑草に覆われて隠れていた。一方でどこから種子が飛んできたのか、落葉樹の稚樹が伸びていた。いくら人の手で遷移の最後に生える樹種を先に植えても、自然界は順序を変えないらしい。

そもそも落葉樹vs照葉樹という考え方に陥るべきではない。照葉樹だって、健全に生育している姿は美しい。どちらも大切な森の樹木であり、生育地の環境条件に合致している種を健全に生やすべきだろう。現在の環境に合わない樹種を無理に植えて育てても、それこそ偽物の植生ではないか。

（本物、ではなく）健全な森とは、各々の植物が寿命をまっとうでき、種子ができ後継樹が育ち、生物多様性が担保されている環境だと思う。落葉樹も照葉樹も、そして針葉樹も生えて、下草も適度に茂り、昆虫や鳥獣も適度にいる……そんな森づくりをしたい。

人は、自然にほんの少し手をさしのべるだけでいい。自然はたくましく自立する。

これこそ、私が森から学んだことである。

おわりに　ココナッツニュースの教えること

最後に、またソロモンの話をしよう。

学生たちとソロモン諸島のシンボ島に探検に行った最大の目的はパツキオ火山の火口洞窟調査である。そこでさまざまな発見や出来事があった。

地下深く降下していき、洞内で飛び回る鳥を捕まえたり、珍しい溶岩鍾乳石を発見したり、壁一面が美しい針状の透明な結晶に覆われたホールに達したり……ワクワクする発見が相次いだ。だが強烈な体験をしたのは、横に延びた支洞に分け入ったときである。洞内の床には泥のようなグアノが分厚く積もっていて、足がめり込むと抜けずに動けなくなった。そこに強烈な腐臭。さらにグアノの醗酵熱で、もともと暑い洞内が蒸風呂状態だった。

それでも奥へ進むと、侵入者に怯えたのか何千匹ものコウモリが湧き出すように奥から飛び出してきた。そしてうずくまる私たちの顔や身体にバタバタと衝突を繰り返した。

そんな体験をしつつ、洞窟調査を終えた。島民とお別れパーティーを開き、シンボ島を出た。そして州の文化局に調査終了の挨拶に訪れたところ、すでに局長は私たちの活動を知っていた。先に役所を訪れた島民から聞いたそうだ。ソロモンでは、人の口を介して伝わる情報は、ヤシの木の合間を吹く風のように伝わるという意味でココナッツニュースと言う。それが意外なほど早く遠くまで伝わる力を持つ。同時に伝言ゲーム的な情報の変化をもたらす。

局長の聞いた話によると、五人の日本人がパッキオ山の洞窟に入ったところ、彼らは洞窟の壁に二か月前に死んだおじいさんとおばあさんの名前を発見した。さらに進むと、人間ほどの大きさをした巨大なコウモリが現れ、メンバーの一人とぶつかって顔に怪我をして病院に担ぎ込まれた……。

ほかにもさまざまなバージョンがある。

五人は洞窟の中でたくさんのコウモリを見つけたが、そのうちの何匹かは馬の顔をしていたという。二番目の部屋の奥で人間ほどの大きさをした巨大コウモリが彼らの前に立ちふさがり、「止まれ！　入ってくるな！」と叫んだため、諦めて帰ってきた……。

洞窟は中で四つに分かれていたが、その奥は美しい結晶に覆われていた。それ以上進むには破壊しなければないのであきらめた……。

きっと我々の活動もそのうち伝説となり、まことしやかに伝えられていくのだろう。それを笑うのは簡単だ。しかし森に関しても、同じようなものかもしれない。

「森づくりは半ば科学、半ば芸術」という言葉がある。唱えたのは一九世紀中頃のドイツ（当時はプロシア）の森林学者ハインリッヒ・コッタである。

ここでいう「森づくり」とは林業を指しているが、ここでは深入りしない。ただ森には科学で論理的に説明できる部分と、芸術のような感性に頼る部分が半々にある、という意味で捉えてもらいたい。

私は、子供の頃から森を遊び場としてきた。そして大学では森林科学に少し足を（つま先くらいか？）突っ込み、その後も仕事と遊びの両面で森に関わり続けた。そのことは本編でも記してきたが、森林ジャーナリストという肩書で森の本を書くようになると、必然的に「科学」に偏ってきた気がする。

あまりにも世間の「森の常識」が、現実の森林や林業現場とかけ離れていたからだ。まさに伝言ゲームのように怪しげな情報が拡散してしまい、神聖とか神秘という言葉が飛び交うオカルトチック（一部の人にはロマンチック）な森の話に化けている。

そんな情報を信じたら、森に対して誤った対応をしてしまう。だから私は、誤った情報を否定する記事を書き、正しい森の姿を伝えようと思ったのだ。そして出版する本が重なってくると、どんどん真面目な方に傾斜していき、まるで森林科学の伝道師か何かのようになってしまっていた。

だが、心の中で思っていたのである。「森の世界って、そんなに科学的か。理屈で割り切れない部分がいっぱいあるよなあ」と。

事実、私自身が不思議な体験や仰天の体験を自然界のフィールドで重ねていた。精霊はいるわ、未知の怪獣は跋扈《ばっこ》するわ、巨石文化は空から降ってくるわ、奇怪な地形に迷い込むわ、偶然と片づけられぬ摩訶不思議な事件は起こるわ……。

それらを全否定できない。森には不思議が満ちている。ヘンな体験、仰天の体験、偶然やヘマによる出来事まで全部まとめて自然を知るということではないだろうか。

森を含む自然界は、半ば科学、半ば芸術（感覚）で成り立っているのだ。不思議な体験だって、そのうち科学で証明できるかもしれないし、今は科学的と思っていることが崩れてオカルトの世界に転がりこむかもしれない。

それに科学にこだわって書けば書くほど、小難しくなる。私なりにわかりやすく説明しようと努力はするが、結果として「難しくて読む気がしなくなった」と言われる。反面、専門家からは「はしょり過ぎ」で「誤解を生む」と指摘されてしまう。当然ながら、森を神秘・神聖なものとする〝オカルト信者〟からも猛反発を食らう。

いっそ科学と不思議をガラガラポンした方が、本当の森の姿を示せるのかもしれない。森の「科学を装った嘘」を笑い飛ばす一方で、小さくても不思議な体験の中に森の本質を発見してみたい。

そこで、理屈をこねるよりも自分の体験を元に書いたらどうか。それなら読みやすいだろうし、「体験」ゆえ誤認・誤解と指摘されることも減るのではないか。

そんなことを思いつつ記したのが本書である。

書く過程では、自分の体験を振り返るところから始めた。幼児期の出来事から始まり、海外のジャングルで七転八倒したことや、つい昨日の裏山のことまで時間を無視して書き連ねた。ボルネオとソロモンと生駒山の体験が多いのは、やはり幾度も足を運んだからである。

有り難いことに、旅の日誌などはわりとしっかりつけているほか、報告書をまとめているケースも少なくないので、古い話も比較的正確に思い出すことができた。

できるだけ、くだらなくても驚いた体験を集めた。驚く出来事には人を惹きつける魅力があり、その裏から森の別の素顔が見えてくるように思えるからだ。

また私が体験した時代のまま執筆したものの、現在は事情がすっかり変わってしまったところも多い。今ではボルネオの奥地の村でもインターネットができるそうだし、パプアニューギニアの怪獣のいる（はずの）湖まで林道が延びたと聞いている。小笠原諸島も世界自然遺産に指定されて観光開発が進んだ。

それでも私が体験した事実は変わらない。きっと謎もロマンもまだまだあるだろう。結果的に「森って、半分は科学的に理解すべきだけど、半分は不思議の世界なんだ」と思っていただければ幸いである。

田中淳夫

二〇一六年八月二八日

本書に登場する舞台をもっとよく理解するための参考文献

ソロモン諸島の生活誌：文化・歴史・社会　秋道智彌・関根久雄・田井竜一編　明石書店
ソロモン諸島―最後の熱帯林　大塚柳太郎編　東京大学出版会
サラワクの先住民―消えゆく森に生きる　イブリン・ホン　法政大学出版局
熱帯雨林からの声―森に生きる民族の証言　ブルーノ・マンサー　野草社
生命の宝庫・熱帯雨林　井上民二　日本放送出版協会
小笠原　緑の島の進化論　青山潤三　白水社
フィールドガイド小笠原の自然―東洋のガラパゴス　小笠原自然環境研究会編　古今書院
生駒山―歴史・文化・自然にふれる　生駒山系歴史文化研究会　ナカニシヤ出版
いま里山が必要な理由　田中淳夫　洋泉社
これならできる獣害対策―イノシシ・シカ・サル　井上雅央　農山漁村文化協会

著者略歴

田中淳夫（たなか・あつお）

1959年大阪生まれ。静岡大学探検部を卒業後、出版社、新聞社等を経て、フリーの森林ジャーナリストに。森と人の関係をテーマに執筆活動を続けている。主な著作に『森林異変』『森と日本人の1500年』（平凡社新書）、『樹木葬という選択』（築地書館）、『ゴルフ場に自然はあるか？　つくられた「里山」の真実』（ごきげんビジネス出版・電子書籍）ほか多数。

森は怪しいワンダーランド

2016年9月28日　第1版第1刷発行

著　　者　田中淳夫

発 行 者　株式会社　新泉社

東京都文京区本郷2-5-12

電話 03（3815）1662

FAX 03（3815）1422

印刷・製本　太平印刷社

ISBN978-4-7877-1608-8 C0095